Universal Natural History and Theory of the Heavens

有两种东西，我们愈经常、愈反复加以思维，它们就使人心充满了翻新不辍、有增无已的赞叹和敬畏：头上的星空和心中的道德法则。

——康德

康德在这部书中为创立太阳、行星和恒星的生成的科学理论做了第一次认真的尝试。这是一部非凡的著作，它在某些方面预见到了现代天文学的成果。

——罗素

康德的《宇宙发展史概论》在天文学中的地位，除了哥白尼的《天体运行论》之外，没有其他的任何著作可以担当得起。

——恩格斯

本书列入"十三五"国家重点图书出版规划

科学元典丛书

The Series of the Great Classics in Science

主　　编　　任定成

执行主编　　周雁翎

策　　划　　周雁翎

丛书主持　　陈　静

　　科学元典是科学史和人类文明史上划时代的丰碑，是人类文化的优秀遗产，是历经时间考验的不朽之作。它们不仅是伟大的科学创造的结晶，而且是科学精神、科学思想和科学方法的载体，具有永恒的意义和价值。

科学元典丛书

宇宙发展史概论

Universal Natural History and Theory of the Heavens

[德] 康德 著　全增嘏 译　王福山 校

北京大学出版社
PEKING UNIVERSITY PRESS

图书在版编目 (CIP) 数据

宇宙发展史概论 / （德）康德著；全增嘏译 . —北京：北京大学出版社，2016.3
（科学元典丛书）
ISBN 978-7-301-26760-8

Ⅰ . ①宇… Ⅱ . ①康… ②全… Ⅲ . ①宇宙 – 起源 – 研究 Ⅳ . ① P159.3

中国版本图书馆 CIP 数据核字 (2016) 第 009929 号

书　　　名	宇宙发展史概论
	YUZHOU FAZHANSHI GAILUN
著作责任者	［德］康德 著　全增嘏 译　王福山 校
丛 书 策 划	周雁翎
丛 书 主 持	陈　静
责 任 编 辑	吴卫华　周志刚
标 准 书 号	ISBN 978-7-301-26760-8
出 版 发 行	北京大学出版社
地　　　址	北京市海淀区成府路 205 号　100871
网　　　址	http://www.pup.cn　新浪微博：@ 北京大学出版社
电 子 信 箱	zyl@pup.pku.edu.cn
电　　　话	邮购部 62752015　发行部 62750672　编辑部 62753056
印 刷 者	北京中科印刷有限公司
经 销 者	新华书店
	787 毫米 ×1092 毫米　16 开本　14 印张　插页 8　188 千字
	2016 年 3 月第 1 版　2021 年 6 月第 3 次印刷
定　　　价	59.00 元

弁　言

• Preface to the Series of the Great Classics in Science •

这套丛书中收入的著作,是自文艺复兴时期现代科学诞生以来,经过足够长的历史检验的科学经典。为了区别于时下被广泛使用的"经典"一词,我们称之为"科学元典"。

我们这里所说的"经典",不同于歌迷们所说的"经典",也不同于表演艺术家们朗诵的"科学经典名篇"。受歌迷欢迎的流行歌曲属于"当代经典",实际上是时尚的东西,其含义与我们所说的代表传统的经典恰恰相反。表演艺术家们朗诵的"科学经典名篇"多是表现科学家们的情感和生活态度的散文,甚至反映科学家生活的话剧台词,它们可能脍炙人口,是否属于人文领域里的经典姑且不论,但基本上没有科学内容。并非著名科学大师的一切言论或者是广为流传的作品都是科学经典。

这里所谓的科学元典,是指科学经典中最基本、最重要的著作,是在人类智识史和人类文明史上划时代的丰碑,是理性精神的载体,具有永恒的价值。

一

科学元典或者是一场深刻的科学革命的丰碑,或者是一个严密的科学体系的构架,或者是一个生机勃勃的科学领域的基石,或者是一座传播科学文明的灯塔。它们既是昔日科学成就的创造性总结,又是未来科学探索的理性依托。

哥白尼的《天体运行论》是人类历史上最具革命性的震撼心灵的著作,它向统治西方思想千余年的地心说发出了挑战,动摇了"正统宗教"学说的天文学基础。伽利略《关于托勒密与哥白尼两大世界体系的对话》以确凿的证据进一步论证了哥白尼学说,更直接地动摇了教会所庇护的托勒密学说。哈维的《心血运动论》以对人类躯体和心灵的双重关怀,满怀真挚的宗教情感,阐述了血液循环理论,推翻了同样统治西方思想千余年、被"正统宗教"所庇护的盖伦学说。笛卡儿的《几何》不仅创立了为后来诞生的微积分提供了工具的解析几何,而且折射出影响万世的思想方法论。牛顿的《自然哲学之数学原理》标志着17世纪科学革命的顶点,为后来的工业革命奠定了科学基础。分别以惠更斯的《光论》与牛顿的《光学》为代表的波动说与微粒说之间展开了长达200余年的论战。拉瓦锡在《化学基础论》中详尽论述了氧化理论,推翻了统治化学百余年之久的燃素理论,这一智识壮举被公认为历史上最自觉的科学革命。道尔顿的《化学哲学新体系》奠定了物质结构理论的基础,开创了科学中的新时代,使19世纪的化学家们有计划地向未知领域前进。傅立叶的《热的解析理论》以其对热传导问题的精湛处理,突破了牛顿的《自然哲学之数学原理》所规定的理论力学范围,开创了数学物理学的崭新领域。达尔文《物种起源》中的进化论思想不仅在生物学发展到分子水平的今天仍然是科学家们阐释的对象,而且100多年来几乎在科学、社会和人文的所有领域都在施展它有形和无形的影响。《基因论》揭示了孟德尔式遗传性状传递机理的物质基础,把生命科学推进到基因水平。爱因斯坦的《狭义与广义相对论浅说》和薛定谔的《关于波动力学的四次演讲》分别阐述了物质世界在高速和微观领域的运动规律,完全改变了自牛顿以来的世界观。魏格纳的《海陆的起源》提出了大陆漂移的猜想,为当代地球科学提供了新的发展基点。维纳的《控制论》揭示了控制系统的反馈过程,普里戈金的《从存在到演化》发现了系统可能从原来无序向新的有序态转化的机制,二者的思想在今天的影响已经远远超越了自然科学领域,影响到经济学、社会学、政治学等领域。

科学元典的永恒魅力令后人特别是后来的思想家为之倾倒。欧几里得的《几何原本》以手抄本形式流传了1800余年,又以印刷本用各种文字出了1000版以上。阿基米德写了大量的科学著作,达·芬奇把他当作偶像崇拜,热切搜求他的手稿。伽利略以他的继承人自居。莱布尼兹则说,了解他的人对后代杰出人物的成就就不会那么赞赏了。为捍卫《天体运行论》中的学说,布鲁诺被教会处以火刑。伽利略因为其《关于托勒密与哥白尼两大世界体系的对话》一书,遭教会的终身监禁,备受折磨。伽利略说吉尔伯特的《论磁》一书伟大得令人嫉妒。拉普拉斯说,牛顿的《自然哲学之数学原理》揭示了宇宙的最伟大定律,它将永远成为深邃智慧的纪念碑。拉瓦锡在他的《化学基础论》出版后5年被法国革命法庭处死,传说拉格朗日悲愤地说,砍掉这颗头颅只要一瞬间,再长出这样的头颅100年也不够。《化学哲学新体系》的作者道尔顿应邀访法,当他走进法国科学院会议厅时,院长和全体院士起立致敬,得到拿破仑未曾享有的殊荣。傅立叶在《热的解析理论》中阐述的强有力的数学工具深深影响了整个现代物理学,推动数学分析的发展达一个多世纪,麦克斯韦称赞该书是"一首美妙的诗"。当人们咒骂《物种起源》是"魔鬼的经典""禽兽的哲学"的时候,赫胥黎甘做"达尔文的斗犬",挺身捍卫进化论,撰写了《进化论与伦理学》和《人类在自然界的位置》,阐发达尔文的学说。经过严复的译述,赫胥黎的著作成为维新领袖、辛亥精英、"五四"斗士改造中国的思想武器。爱因斯坦说法拉第在《电学实验研究》中论证的磁场和电场的思想是自牛顿以来物理学基础所经历的最深刻变化。

在科学元典里,有讲述不完的传奇故事,有颠覆思想的心智波涛,有激动人心的理性思考,有万世不竭的精神甘泉。

二

按照科学计量学先驱普赖斯等人的研究,现代科学文献在多数时间里呈指数增长趋势。现代科学界,相当多的科学文献发表之后,并没有任何人引用。就是一时被引用过的科学文献,很多没过多久就被新的文献所淹没了。科学注重的是创造出新的实在知识。从这个意义上说,科学是向前看的。但是,我们也可以看到,这么多文献被淹没,也表明划时代的科学文献数量是很少的。大多数科学元典不被现代科学文献所引用,那是因为其中的知识早已成为科学中无须证明的常识了。即使这样,科学经典也会因为其中思想的恒久意义,而像人文领域里的经典一样,具有永恒的阅读价值。于是,科学经典就被一编再编、一印再印。

早期诺贝尔奖得主奥斯特瓦尔德编的物理学和化学经典丛书"精密自然科学经典"从1889年开始出版,后来以"奥斯特瓦尔德经典著作"为名一直在编辑出版,有资料说目前已经出版了250余卷。祖德霍夫编辑的"医学经典"丛书从1910年就开始陆续出版了。也是这一年,蒸馏器俱乐部编辑出版了20卷"蒸馏器俱乐部再版本"丛书,丛书中全是化学经典,这个版本甚至被化学家在20世纪的科学刊物上发表的论文所引用。一般把1789年拉瓦锡的化学革命当作现代化学诞生的标志,把1914年爆发的第一次世界大战称为化学家之战。奈特把反映这个时期化学的重大进展的文章编成一卷,把这个时期的其他9部总结性化学著作各编为一卷,辑为10卷"1789—1914年的化学发展"丛书,于1998年出版。像这样的某一科学领域的经典丛书还有很多很多。

科学领域里的经典,与人文领域里的经典一样,是经得起反复咀嚼的。两个领域里的经典一起，就可以勾勒出人类智识的发展轨迹。正因为如此，在发达国家出版的很多经典丛书中，就包含了这两个领域的重要著作。1924 年起，沃尔科特开始主编一套包括人文与科学两个领域的原始文献丛书。这个计划先后得到了美国哲学协会、美国科学促进会、科学史学会、美国人类学协会、美国数学协会、美国数学学会以及美国天文学学会的支持。1925 年，这套丛书中的《天文学原始文献》和《数学原始文献》出版，这两本书出版后的 25 年内市场情况一直很好。1950 年，沃尔科特把这套丛书中的科学经典部分发展成为"科学史原始文献"丛书出版。其中有《希腊科学原始文献》《中世纪科学原始文献》和《20 世纪（1900—1950 年）科学原始文献》，文艺复兴至 19 世纪则按科学学科（天文学、数学、物理学、地质学、动物生物学以及化学诸卷）编辑出版。约翰逊、米利肯和威瑟斯庞三人主编的"大师杰作丛书"中，包括了小尼德勒编的 3 卷"科学大师杰作"，后者于1947 年初版，后来多次重印。

在综合性的经典丛书中，影响最为广泛的当推哈钦斯和艾德勒 1943 年开始主持编译的"西方世界伟大著作丛书"。这套书耗资 200 万美元，于 1952 年完成。丛书根据独创性、文献价值、历史地位和现存意义等标准，选择出 74 位西方历史文化巨人的 443 部作品，加上丛书导言和综合索引，辑为 54 卷，篇幅 2 500 万单词，共 32 000 页。丛书中收入不少科学著作。购买丛书的不仅有"大款"和学者，而且还有屠夫、面包师和烛台匠。迄 1965 年，丛书已重印 30 次左右，此后还多次重印，任何国家稍微像样的大学图书馆都将其列入必藏图书之列。这套丛书是 20 世纪上半叶在美国大学兴起而后扩展到全社会的经典著作研读运动的产物。这个时期，美国一些大学的寓所、校园和酒吧里都能听到学生讨论古典佳作的声音。有的大学要求学生必须深研 100 多部名著，甚至在教学中不得使用最新的实验设备，而是借助历史上的科学大师所使用的方法和仪器复制品去再现划时代的著名实验。至 20 世纪 40 年代末，美国举办古典名著学习班的城市达 300 个，学员 50 000 余众。

相比之下，国人眼中的经典，往往多指人文而少有科学。一部公元前 300 年左右古希腊人写就的《几何原本》，从 1592 年到 1605 年的 13 年间先后 3 次汉译而未果，经 17 世纪初和 19 世纪 50 年代的两次努力才分别译刊出全书来。近几百年来移译的西学典籍中，成系统者甚多，但皆系人文领域。汉译科学著作，多为应景之需，所见典籍寥若晨星。借 20 世纪 70 年代末举国欢庆"科学春天"到来之良机，有好尚者发出组译出版"自然科学世界名著丛书"的呼声，但最终结果却是好尚者抱憾而终。20 世纪 90 年代初出版的"科学名著文库"，虽使科学元典的汉译初见系统，但以 10 卷之小的容量投放于偌大的中国读书界，与具有悠久文化传统的泱泱大国实不相称。

我们不得不问：一个民族只重视人文经典而忽视科学经典，何以自立于当代世界民族之林呢？

三

科学元典是科学进一步发展的灯塔和坐标。它们标识的重大突破,往往导致的是常规科学的快速发展。在常规科学时期,人们发现的多数现象和提出的多数理论,都要用科学元典中的思想来解释。而在常规科学中发现的旧范型中看似不能得到解释的现象,其重要性往往也要通过与科学元典中的思想的比较显示出来。

在常规科学时期,不仅有专注于狭窄领域常规研究的科学家,也有一些从事着常规研究但又关注着科学基础、科学思想以及科学划时代变化的科学家。随着科学发展中发现的新现象,这些科学家的头脑里自然而然地就会浮现历史上相应的划时代成就。他们会对科学元典中的相应思想,重新加以诠释,以期从中得出对新现象的说明,并有可能产生新的理念。百余年来,达尔文在《物种起源》中提出的思想,被不同的人解读出不同的信息。古脊椎动物学、古人类学、进化生物学、遗传学、动物行为学、社会生物学等领域的几乎所有重大发现,都要拿出来与《物种起源》中的思想进行比较和说明。玻尔在揭示氢光谱的结构时,提出的原子结构就类似于哥白尼等人的太阳系模型。现代量子力学揭示的微观物质的波粒二象性,就是对光的波粒二象性的拓展,而爱因斯坦揭示的光的波粒二象性就是在光的波动说和粒子说的基础上,针对光电效应,提出的全新理论。而正是与光的波动说和粒子说二者的困难的比较,我们才可以看出光的波粒二象性说的意义。可以说,科学元典是时读时新的。

除了具体的科学思想之外,科学元典还以其方法学上的创造性而彪炳史册。这些方法学思想,永远值得后人学习和研究。当代诸多研究人的创造性的前沿领域,如认知心理学、科学哲学、人工智能、认知科学等,都涉及对科学大师的研究方法的研究。一些科学史学家以科学元典为基点,把触角延伸到科学家的信件、实验室记录、所属机构的档案等原始材料中去,揭示出许多新的历史现象。近二十多年兴起的机器发现,首先就是对科学史学家提供的材料,编制程序,在机器中重新做出历史上的伟大发现。借助于人工智能手段,人们已经在机器上重新发现了波义耳定律、开普勒行星运动第三定律,提出了燃素理论。萨伽德甚至用机器研究科学理论的竞争与接受,系统研究了拉瓦锡氧化理论、达尔文进化学说、魏格纳大陆漂移说、哥白尼日心说、牛顿力学、爱因斯坦相对论、量子论以及心理学中的行为主义和认知主义形成的革命过程和接受过程。

除了这些对于科学元典标识的重大科学成就中的创造力的研究之外,人们还曾经大规模地把这些成就的创造过程运用于基础教育之中。美国几十年前兴起的发现法教学,就是在这方面的尝试。近二十多年来,兴起了基础教育改革的全球浪潮,其目标就是提高学生的科学素养,改变片面灌输科学知识的状况。其中的一个重要举措,就是在教学中加强科学探究过程的理解和训练。因为,单就科学本身而言,它不仅外化为工艺、流程、技术及其产物等器物形态,直接表现为概念、定律和理论等知识形态,更深蕴于其特有的思想、观念和方法等精神形态之中。没有人怀疑,我们通过阅读今天的教科书就可以方便地学到科学元典著作中的科学知识,而且由于科学的进步,我们从现代教科书上所学的知识甚至比经典著作中的更完善。但是,教科书所提供的只是结晶状态的凝固知识,而科学本是历史的、创造的、流动的,在这历史、创造和流动过程之中,一些东西蒸发了,另一些东西积淀了,只有科学思想、科学观念和科学方法保持着永恒的活力。

然而,遗憾的是,我们的基础教育课本和不少科普读物中讲的许多科学史故事都是误讹相传的东西。比如,把血液循环的发现归于哈维,指责道尔顿提出二元化合物的元素原子数最简比是当时的错误,讲伽利略在比萨斜塔上做过落体实验,宣称牛顿提出了牛顿定律的诸数学表达式,等等。好像科学史就像网络上传播的八卦那样简单和耸人听闻。为避免这样的误讹,我们不妨读一读科学元典,看看历史上的伟人当时到底是如何思考的。

现在,我们的大学正处在席卷全球的通识教育浪潮之中。就我的理解,通识教育固然要对理工农医专业的学生开设一些人文社会科学的导论性课程,要对人文社会科学专业的学生开设一些理工农医的导论性课程,但是,我们也可以考虑适当跳出专与博、文与理的关系的思考路数,对所有专业的学生开设一些真正通而识之的综合性课程,或者倡导这样的阅读活动、讨论活动、交流活动甚至跨学科的研究活动,发掘文化遗产、分享古典智慧、继承高雅传统,把经典与前沿、传统与现代、创造与继承、现实与永恒等事关全民素质、民族命运和世界使命的问题联合起来进行思索。

我们面对不朽的理性群碑,也就是面对永恒的科学灵魂。在这些灵魂面前,我们不是要顶礼膜拜,而是要认真研习解读,读出历史的价值,读出时代的精神,把握科学的灵魂。我们要不断吸取深蕴其中的科学精神、科学思想和科学方法,并使之成为推动我们前进的伟大精神力量。

任定成
2005 年 8 月 6 日
北京大学承泽园迪吉轩

▲沉思中的康德(Immanuel Kant，1724—1804)

◀哥尼斯堡城风光

哥尼斯堡城,历史上先后成为普鲁士公国首都、东普鲁士首府,这里是数学家哥德巴赫、希尔伯特和作家霍夫曼、哲学家康德的故乡。1724年,该地三个市镇正式合并成为哥尼斯堡城。同年,康德诞生于此,此后一生他几乎都在这座城市度过。"二战"后该地被划归苏联,现为俄罗斯飞地加里宁格勒州的加里宁格勒市。图中教堂为康德岛上的哥尼斯堡大教堂,现为康德博物馆,康德墓就在旁边。

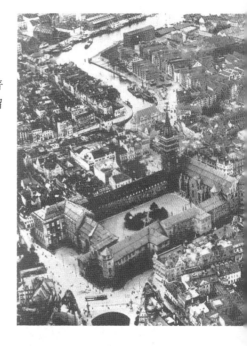

▶1925年的哥尼斯堡城鸟瞰图

中央为旧城堡,"二战"中被毁。

1701年以后,普鲁士政治中心移往柏林,但是哥尼斯堡仍然是普鲁士的学术中心,普王加冕典礼依旧在此举行,许多政府官员也仍留驻此地。

◀旧城堡内的庭院

▶哥尼斯堡七桥问题

18世纪哥尼斯堡城普莱格尔河上有7座桥,将河中两岛与河岸连结。城中居民常沿河过桥散步,于是提出一个著名的图论问题,即哥尼斯堡七桥问题:能否一次走遍7座桥,每座桥只通过一次,最后回到原点。

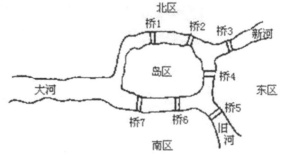

▲康德故居

位于哥尼斯堡市萨特勒（马具）胡同。左图为1850年外景，右上图为1852年外景，右下图为侧面剖视图。

▲左：奥地利特劳恩一家马具博物馆（作坊）；
　中：马具匠使用的工具；
　右：一位馆内人员在制作马具。

康德的父亲是一位马具匠，母亲也来自马具匠家庭。马具匠隶属于手工业行会，康德家的生活水平在当时属于中等。康德读大学时并未申请奖学金，他的家庭能供养他上大学本身就说明了其经济状况。

康德的父母都是敬虔派信徒，他们严格的宗教观念和良好的道德品行对康德一生有着不可磨灭的影响。

17—18世纪是欧洲启蒙运动兴起、自然科学获得重大发展的时期,康德正是在这样的思想环境下成长起来的。沃尔夫将莱布尼茨的思想系统化并在德国大力传播,对德国思想界影响重大。牛顿的万有引力定律则为人类构建了第一个关于宇宙运行的完备的科学体系。

▲牛顿(Isaac Newton ,1643—1727)

英国科学家,万有引力定律的发现者。他在人类历史上第一次构建了关于宇宙运行的完备的科学体系。

▲莱布尼茨(Gottfried Wilhelm Leibniz ,1646—1716)

德国启蒙思想家、数学家、近代欧陆理性主义哲学的高峰。他提出单子论,发明微积分,并且与牛顿就万有引力的本质展开争论,推动了对引力本质的思考。

▲克里斯蒂安·沃尔夫(Christian Wolff ,1679—1754)

德国启蒙哲学家、数学家。他将莱布尼茨的思想系统化并进行传播,而沃尔夫的思想又经过舒尔茨进一步在德国传播,影响了康德。

▲沃尔夫手迹(1744年)

Friedrichs-Collegium

Gruss aus Königsberg i. Pr.

Verlag O. Ziegler, Königsberg i. Pr.

B175

◀腓特烈学校

　　1698年创立，1701年普鲁士国王腓特烈一世加冕后授予其"王室学校"头衔，1703年后正式称为"腓特烈学校"。

　　康德得以进入腓特烈学校，与他生命中的第一位贵人舒尔茨〔Franz Albert Schultz，1692—1763〕有莫大关系。舒尔茨积极传播沃尔夫的启蒙思想，使康德一家都深受影响。而且，他还发现了这个孩子的天分，将尚未达到入学年龄的康德推荐到腓特烈学校学习。不久，舒尔茨成为该校校长，从而更加近距离地关注这位天才的成长。尽管康德对腓特烈学校刻板的纪律和宗教教育很反感，但是这里对康德成长的重要性不言而喻。

◀阿尔布雷希特公爵（ Albrecht von Brandenburg–Ansbach，1490—1568）塑像

　　他是普鲁士公国首任大公，1544年下令创设哥尼斯堡大学，使哥尼斯堡从此成为普鲁士的文化中心。

▲哥尼斯堡大学

　　内有普鲁士国王腓特烈·威廉三世骑马雕像。

　　在哥尼斯堡大学，康德得以自由听课和广泛阅读，从而一窥哲学、神学与自然科学中的诸多进展，这为他日后的成就打下了深厚广博的知识基础，而且他还在此遇到了生命中的第二位贵人克努岑〔Martin Knutzen，1713—1751〕。这位哥尼斯堡大学教师不仅引导了康德对科学尤其是天文学的热爱，并且把牛顿的著作借给了康德阅读，直接促成了康德《宇宙发展史概论》的诞生。

▶青年康德画像

1748—1754年，为了生计，青年康德在尚未完成学业时不得不前往于特申（Judtschen）、阿伦斯多夫（Arensdorf）与劳滕贝格（Rautenburg）担任家庭教师。这是当时东普鲁士青年哲学家的普遍状况，也正是在这段时间，康德的思想逐渐成形。《宇宙发展史概论》正是在这段乡村时光中写就的，随后他带着书稿回到哥尼斯堡并进入大学任教。

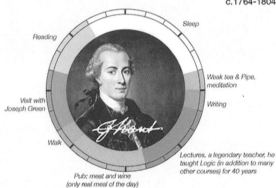

◀康德作息时间表

严格遵循时间表的康德，也是早睡早起的模范，晚上10点入睡，早上5点起床。写作仅占了一个小时的时间，而上午的重头戏则是教授四个小时的课程，40年来雷打不动。午间康德去酒吧享用全天唯一的正餐，而下午4点到7点和挚友约瑟夫·格林（Joseph Green，1727—1786）的密谈交流，准时得足以让邻居校准调表。

▲左图：康德在摩迪登森林中的小屋；右图：康德和友人聚会。

尽管作息近乎刻板，但除了思考、阅读和写作，康德也和朋友们往来交流。每逢假期，他常来到距哥尼斯堡不到1里远的摩迪登森林小屋中，在此会客和写作。

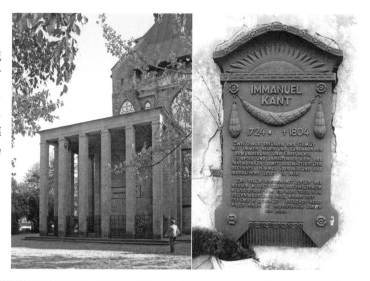

▶教堂后面安静的康德墓及铭文

1880年康德墓重修时，为了更好地纪念哲人，人们在墓上刻上康德的名言："有两种东西，我们愈经常、愈反复加以思维，它们就使人心充满了翻新不辍、有增无已的赞叹和敬畏：头上的星空和心中的道德法则。"铭文现与墓分离，安置在附近广场上拐角处的一面墙上。

受克努岑影响，康德在大学里专攻哲学和自然科学，将二者结合起来，并且撰写自然科学或自然哲学论文，这些研究课题成为他大学毕业后的主要学术领域，于是有了他在前批判时期长达十余年中的自然哲学研究。

▲头顶浩瀚的星空是康德痴迷的观察对象，《宇宙发展史概论》正是他对星空思考的结晶。

除了头顶的星空，康德思考的另一大主题是内心的道德律令。康德的思想兴趣从自然科学和自然哲学向形而上学转向，进而登入批判哲学的历史，仿佛是西方哲学史的个体重演。在道德哲学领域，康德最早接受的是莱布尼茨和沃尔夫的学说。1760年以后，卢梭使康德认识到尊重人的意义。将人当作目的，这是康德批判时期实践哲学的基础，从此康德的思想为之一变，自然的客观研究让位于道德的主观研究，牛顿的大宇宙哲学让位于卢梭的小宇宙哲学。纯粹的理性失去了绝对性，成为康德批判的对象。

▲法国启蒙思想家让–雅克·卢梭（Jean-Jacques Rousseau，1712—1778）

卢梭对康德具有重要影响。据说康德唯一一次放弃每日雷打不动的散步就是因为读他的那本《爱弥儿》。另外一则轶事是说，康德朴实无华的书房里长期挂着的唯一的画像是卢梭的画像。

◀《纯粹理性批判》1781年首版扉页

　　康德有其自成一派的思想系统，并且有为数不少的著作，其中核心的为《纯粹理性批判》《实践理性批判》和《判断力批判》。"三大批判"有系统地分别阐述他的知识学、伦理学和美学思想。《纯粹理性批判》尤其受到学术界重视，标志着哲学研究的主要方向从本体论转向认识论，是西方哲学史上划时代的巨著，被视为近代哲学的开端。此外，康德在宗教哲学、法律哲学和历史哲学方面也有重要论著。

▶康德签名。

▲矗立在哥尼斯堡大学校园旧址内的康德铜像

▲康德纪念邮票

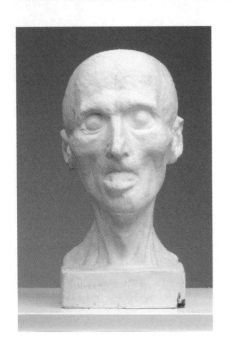

◀左：根据康德临终时的样子制作的石膏像；
▶右：康德诞辰250周年纪念币。

目　录

导读一　康德的一生

范寿康[①]

（台湾大学哲学系教授）

·Ⅰ. *Introduction to Chinese Version* ·

> 这部著作之所以有名，一方面是由于它提出物质的宇宙是一个整体这个概念，星系和星云都是这个整体的组成单位；另一方面，还由于它提出从几乎没有差异的整个空间的原始物质分布中逐渐发展的见解。这是用进化代替突然创造的首次重大尝试，而有趣的是，这种新观点最初出现在同我们地球上的生命毫不相关的天体理论中。
>
> ——罗素

①　本文选自范寿康1929年所著《康德》一书。范寿康（1896—1983），浙江上虞人，中国现代著名教育家、哲学家。1923年毕业于日本东京帝国大学文学部，获教育与哲学硕士学位。回国后，先后任教于中山大学、安徽大学、武汉大学。抗日战争胜利后赴台湾，任台湾行政长官公署教育处处长，对台湾地区"国语教育"的推广与普及起到了重要作用。"二·二八事件"后，担任台湾大学哲学系教授直至退休。——编者

一　康德的传略

伊曼纽尔·康德(Immanuel Kant)于 1724 年 4 月 22 日生于德国普鲁士的哥尼斯堡(Königsberg)，于 1804 年 2 月 12 日死于同地。

康德的生活，就场面而论，既甚狭窄，就内容而论，也甚单调。他彻头彻尾是一个古式的德国哲学家。讲义与著述可以说是他的生活的全部。他于这一种学究的工作以外，对于世间毫没残留着足以使人永远记忆的事迹。哥尼斯堡与同地的大学是他生活的场面，是他工作的舞台。他在一生之中虽有两三年的期间住在乡间做家庭教师，但是此地所谓乡间也并不在州外，却仍是州内的乡间。当时的哥尼斯堡是德国普鲁士极东的一区域。哥尼斯堡市当时有五万的人口与六千的户数，是极属重要的一个都市。康德自己也曾自夸他的故乡，说是政治生活及学究生活的中心；而且是对于获得关于世界及各种民族的知识上极为便利的地方。

但是，哥尼斯堡虽是康德的故乡，却不是康德一家的故乡；康德一家的故乡，乃是苏格兰。康德一家是在康德的祖父的时候，从苏格兰移住过来的。这是从来一般所承认的事实。然至近来，对于上说，学问家颇有主张一种反对说者。像保尔森(Paulsen)就是其中一人。

我们对于移住说及非移住说，此地不能判定孰是孰非。总之，康德是他祖父的次男的第四子，而且是生在哥尼斯堡的。他的父亲约翰·乔治·康德(Johann Georg Kant)是个开马具店的商人。他的母亲安娜·雷格娜·路透(Anna Regina Reuter)的娘家虽是较为富裕，但也是一家经营马具商店的人家。康德的兄弟姊妹一共有九人，但是除康德及二妹一弟之外，其余都天

◀ 康德画像

折。康德的弟弟叫做约翰·亨利(Johann Heinrich),较康德小十一岁。他在大学时代曾经听过康德的讲义。他后来做过家庭教师,也做过牧师,死于1800年,约先于康德之死四年。把由他及他的妻子寄给康德的无数的信札与由康德寄给他们的信札比较起来,其间有一种极有兴味的对照。他们寄给康德的信札都是情绪绵绵,可是康德寄给他们的信札却是冷淡单调,而且为数也是比较的不多。康德对于弟妹和对于甥姪虽供给不少的抚养费,但是他对于亲族就感情言是极淡漠的。他的扶助是一种义务上的扶助,却不是一种情爱上的扶助。

从卑贱出身,后来居然做到德国哲学界的权威的大学问家里面,康德是第三人。梅兰希顿(Melanchton)的父亲是甲胄匠,沃尔夫(Wolff)的父亲是制革匠,康德的父亲乃是马具匠。在这一种境遇下的贫苦的小孩们居然在德国哲学的上面放一种特异的光彩,这当然是很值得注意的事。十七、十八世纪之法国或英国的哲学家大都是社会上有相当地位的人,一有著作就极容易引起上流社会的注目与批评。然而德国的哲学家多是学校的教师,他们的舞台是学校,他们的文章是教训的、宗教的。像伏尔泰(Voltaire),像休谟(Hume),他们虽也未始不谈宗教,然而他们往往把宗教看做政治问题、社会问题等,从第三者的立脚点加以讨论,绝不是当做自身的问题而加以论述的。在这种地方,德国式与英法式就不相同了。

康德是在这一种德国式氛围的中间被抚养成人的,他的双亲都是敬虔派的信徒,尤其是他的母亲是一个笃信宗教的妇人。这位妇人的精神生活全部可以说是宗教生活,是信仰生活。康德由他的双亲——尤其是他的母亲——所施的影响极为深厚。他在中年以后还是追怀他幼年时代的家庭生活。他曾经说:"当时的宗教的意识,当时的道德的判断,虽然甚不明了,可是我把我的根柢却全放在这上面。对于敬虔派虽有可以责难之点,但是在真正的敬虔派的信徒上确有一种特殊的地方。他们是人类所能享有的最高善之所有者。那种宽和,那种光明,那种内心的平和,这一类可贵的东西,都是他们所专有的。无论怎样贫乏,无论怎样迫害,都不足以摇动他们的心。无论怎样争闹辩论,都不足以引起他们的愤怒,也不足以引起他们的仇视。只对这几点,尊敬之念就会油然涌起来了。我现在还明白地记忆着一件事实。那时候,同业者的中间起了争议,为着这争议,我父亲受了不少的亏;但是父亲对于对手方隐忍既大,情爱又纯,其信神的心既深又烈,使我小孩时代得着一种永不能忘的感情。”

康德与他的母亲的关系尤是特别。他赞叹他的母亲为伟大的天才,崇高的爱之所有者,具有炽烈的但同时却非感伤的那种宗教的感情之妇人。使康德营一种深造的研究和开康德研究的道途的似乎也是他的母亲。他的母亲对于那位牧师及元老院议官舒尔茨(Franz Albert Schultz)(1692—1763)是一个热烈的崇拜者。舒尔茨曾经在哈雷(Halle)受过弗兰克(Francke)和沃尔夫(Wolff)的教,既有科学的、哲学的修养,并具敬虔的信仰,是当时的大学校长和中学校的校长。他与康德的两亲往来颇属亲密,所以康德也时常得与他相接触。而舒尔茨关于康德的未来似乎对他两亲曾有不少的劝告。这样,康德于1732年的秋季入舒尔茨的学校,那时康德不过八岁。从此时起,到1740年升入大学止,八年之间康德在舒尔茨的指导下面从事于他的修养。在这期间内,他不但受着带敬虔派色彩之宗教教授,并且在海登莱希(Heydenreich)之下关于拉丁语及拉丁文学积有不少的练习。康德在于后年,一执到笔,就会涌出许多拉丁语的成语和好句来,实在为此。

1740年的秋季,康德修完了预备教育,乃升入于同地的大学。但是他的母亲已于1737年抛他而死了。康德升大学后,入了哲学科,但他那时全力所倾注的却是语学的文学的修养之完成。而哥尼斯堡大学既是天才康德的思想发源地,我们对之也不得不加以简略的说明。

当时,同大学哲学部教授的正额是八人,此外各科又各有一人的额外教授。哲学部的科目是(一)希伯来语,(二)数学,(三)

希腊语,(四)论理学及形而上学,(五)实践哲学,(六)自然科学,(七)诗学,(八)辩论法及历史八种。依 1735 年的训令,教授于每半年内应终结他的担任学科的公开讲义。例如前期应把论理学讲完,后期应把此外的形而上学讲了;又如前期应把自然科学讲完,后期应把实践哲学讲了。这一种规定的本旨,是在使学生于无论任何半年内获得哲学之基本的研究。所有讲义一行终结,即行考试,这是一方所以考察学生的成绩,一方所以刺激研究的精神。

康德当时的同大学之教育制度大体如是。而关于康德的六年间大学生活,没有多大可述的地方。他的教员之中,康德所最景仰的是一位青年的额外教授。这位额外教授叫做马丁·克努岑(Martin Knutzen)(1713—1751)。克努岑的讲义涉及哲学的全部,此外并教数学和自然科学。康德对于他的讲义既极合意,且时时出入于他的书斋,把他所有的书籍任意借读。使康德研究沃尔夫哲学和牛顿(Newton)的数学及物理学者,也是这位克努岑。此后,暂时之间,康德对于数学及科学的研究颇有兴趣。这也许是对于极端的敬虔的独断的宗教教授的反动吧。

1746 年夏季,康德把他的论文《关于活力的计算之探讨》(*Gedanken you der wahren Schätzung der lebendigen Kräfte*)提出于哲学科的首席教授。人们都说,这就是他的毕业论文。当时,在物理学上关于力的计算,有笛卡儿(Descartes)派的见解与莱布尼茨(Leibnitz)派的见解互相对立着。康德在他那篇论文之内,却发表着他独特的意见。其内容虽于学界没有多大的贡献,但其研究范围的广泛及其判断之独具见解,终究不愧是康德的著作。他对于当时学者,力斥他们迎合时俗和祖述先哲的态度,由这一点,不是也已足以见康德少年时代的意气么?

同年 3 月 24 日,康德的父亲也竟逝世。康德在家谱上记入下面的一句:"神! 不许他多享人生的欢乐的神! 请神使他在前途分享永远的幸福!"同样的字句,在九年前他母亲死的时候,也被记入着。

　　康德的青年时代,也是很贫苦的。这差不多又继续至十年的光景。他于大学毕业之后,虽立刻去当家庭教师,但是家庭教师的生活终是很清苦的。等到 1755 年,康德始由论文的提出,做到哥尼斯堡大学的志愿讲师。自这年间的冬季起,康德方才开始讲授。此后十五年间,他的地位上毫无变动。其间虽有两次教授的出缺,但是康德终究不能补到。他第二次的教授志愿书上,写有凯瑟琳第二(Catharine II)的名字,这是因为到 1757 年恢复和平止,哥尼斯堡是归俄国统辖的缘故。1764 年,柏林招他去当诗学教授,他不肯去。1766 年,他升任州立图书馆副馆长。

　　可是,那时候的康德的生活并不十分困苦。当时的志愿讲师,比较今日,是很自由,是很闲空的。所谓教授,比较今日,地位既低,薪水也少,且此外毫没优待的规定。所以教授实在是不过是由大学领受些少的报酬之月俸劳动者。就是正教授,只靠薪俸是不能过活的,所以他们都也于所担任的讲座外更开其他的讲座以吸收听讲者及征收听讲料。而这一种听讲料,往往是比月薪数目大。所以虽是志愿讲师,只要能够有多数的听讲者,那么,即就收入之点而论,反较教授为优。康德的讲义当时是很成功的,多数的学生都极爱听,所以听讲者独多。不但学生,就是当时俄国驻屯军的军官听说也有热心地来听康德的讲义的;其盛况概可想见了。

　　康德在大学开讲的最初,在论理学、形而上学之外兼讲自然科学及数学。而其他文学的讲义,声誉尤佳,最受学生及学生以外一般人士的欢迎。就该时的著作而论,除关于各担任学科的论文而外,康德另著有《宇宙发展史概论》(*Allgemeine Naturgeschichte und Theorie des Himmels*)。这是 1755 年的产物。在这册书内康德根据牛顿的学说论述世界构成的由来。在这书的序文中,更有他关于自然科学与宗教的关系之意见。照康德的见解,以为欲于自然科学之机械的说明上加以限制的一事,对于宗教反为不利。在全要素上倘欲找出目的论的性质,那么,他方非先承认纯机械的说明之可能不可。想把一切现象都由神的意志加以说明,实属不当。日后科学一行发达,这种信仰反易动摇。由这层看,康德已隐隐约约地想把信仰与认识分离,以图两者根本的融和。他的批评哲学的曙光可说已现于此;然而康德由此所引起的一般旧思想家的不安与反感实在可谓极大。他的恩师舒尔茨也是其中的一人。舒尔茨于1758年想推荐康德充当教授的时候,曾经招康德至他的家中,对康德说:"你究竟内心畏神不畏神?"也可见一般旧思想家对于康德的疑忌了。但是在实际上,康德的信仰极为坚固,舒尔茨的担忧实不过是一种过虑罢了。

等到1760年以后,康德的思想始现一种苏格拉底式的新倾向。他在这时候于内面的道德性始加重视,而于从来之数学的和科学的研究乃至烦琐哲学,都一律轻视起来了。换言之,从此时起,康德方才重人生而轻自然,重道德而轻科学,重意志而轻认识。而这种倾向是与时代思潮的一般倾向极有关系的。当时,德国的精神界始由长夜的好梦初行惊醒,竭力想向新的人生的充实积极前进,而其先觉者就是莱辛(Lessing)。他方面,国外的文明澎湃而来。英国的哲学和文学早已引起德人的注意。如沙夫茨伯里(Shaftesbury)和休谟(Hume)在德人中尤有不少的崇拜者。就法国的学问家而言,如伏尔泰(Voltaire)、孟德斯鸠(Montesquieu)、卢梭(Rousseau)都是德人敬慕的中心。

康德对于这一类的新空气是极端主张吸收的。而就中,他尤酷爱卢梭。康德自己说:"我本来是天生成的一个学究者。我对于学究这件事是最喜欢的。对于知识的饥渴,求知的热望,是永远支配着我的头脑。我常以为只有知识乃有真正的价值;所以对于无知者常有一种怜悯之念。但是这是错了,而示我以这种错误的就是卢梭。"康德对于知识的评价,从此以后完全一变。他从此始以为科学与思辨没有绝对的价值,却不过是所以达到最高目的之一种手段。他从此始以为对于道德的努力乃是人类最高的义务。这样,对于认识之道德的优越引起了康德的哲学的内容上之变化。哲学乃成为一种实学（Weisheitslehre），哲学乃是所以明定科学与人生的关系，因而制止知识的跋扈之学问。以康德之笔法讲起来，就是，大宇宙的哲学者牛顿不得不把思想界的宗主权让给小宇宙的哲学者卢梭了。换言之，自然的客观的研究，不是思想问题之中心，而道德的主观的研究，却成为思想问题之中心了。这样，批评哲学的基调已被奠定，同时，纯粹理性失却从来的绝对性，乃不得不受康德的批判。

　　次就康德及于学生的影响而论，无论由学问家方面看，还是由教育家方面看，实足令人景仰。在 1762 年至 1764 年间，直接听讲的赫尔德（Herder）曾述他的回想说：盛年期的他，精力是很旺盛，差不多使人起一种他永不会老衰之感想。他的广阔的额，他的思想家式的额，上面往往有轻快与喜悦浮流着。他的谈话是富于含蓄与暗示。他也会说笑也会谐谈。他的讲义，无论从易于理解方面看，还是从饶于兴趣方面看，都可称第一等。他一面批评莱布尼茨、沃尔夫、鲍姆加滕（Baumgarten）、休谟等，他另一面又批评牛顿、开普勒（Kepler）和其他的物理学家。而此外，他更以同样的精神，对于当时始行出世的卢梭的《爱弥儿》（Émile）及其他的新著作和新发现，由公平无私的自然道德观，一一判定他们的价值。讲义及会话的资料中，有人类的历史，有民族的历史，有自然的历史，有数学，有经验，等等，极为丰富。他所论及，不拘何事，不拘何物，都是有意义，有价值的。而在他方，他不管听者属于何宗，属于何派及为何等样人，敢然为主张真理毫不退缩。这是何人？我用最大的感谢和敬意说：这就是伊曼纽尔·康德。由此，我们可以想见当时映入学生眼帘中的康德的一斑了。

　　然而，老年的康德，却与赫尔德的期待相反，无论在讲义上，还是在文字上，都已没有少年时代的意气。他的讲义先行描写问题的轮廓，然后导致新的概念，然后再加说明或修正，一步一步以达于应到的结论。所以他的讲述是不厌反复，不厌冗长的。他讲义的内容既是层进一层，所以听讲者非头脑明晰，注意周到，就往往有听到后来不知所谓的苦痛；而头脑明晰，注意周到的人们却能得到有组织有系统的知识。

1770 年，康德升任教授，所担任的是论理学及形而上学。在此以前，他虽曾受耶拿（Jena）和其他大学的招聘，但他终是不去。康德的声望真是年高一年。据 1767 年的年报，政府对于康德表示敬重的意思。当时的宰相策德利茨（Zedlitz）是一个在1771 年就职一直做到 1788 年的伟大的宰相。他对于康德格外尊敬，心中常想如有机会一定把康德重用一番。1788 年，哈雷大学出一教授的缺，那时候，策德利茨以为哈雷大学既是当时普鲁士大学的首脑，其教授的薪俸既丰，名位又高，所以他竭力奉劝康德转任。但是他那种诱惑与情谊却都不足以动康德冷静的内心。这是后话，但康德的不喜变动，由此可见。康德是 1770年在哥尼斯堡升任教授的。他既任教授，于是于开讲之时，大肆演说。这演说的题目叫做"感觉界及睿知界的形式及原理"（De mundi sensibilis atgue intelligibilis forma et principiis）。这就是新哲学的第一声。

1781 年《纯粹理性批判》（Kritik der reinen Vernunft）始行出世。这系把论文扩充而成，实为康德著作中的中坚。书成以后，就将一部送呈于宰相策德利茨。这 1780 年以后的十年间确是康德著作上极盛的时代。至 1790 年以后，无论思想，无论笔力，都次第现一种衰颓的气象。但是他的感化与名望却是日广一日，年高一年。在德国全国，无论新教大学，还是旧教大学，都讲究批评哲学。而各地方的学生以及一般人士也有因为景慕康德而亲至哥尼斯堡来受教者。费希特（Fichte）就是其中的一人。这样，在 1780 年以后，康德乃是哥尼斯堡大学之代表的人物；因为有康德，哥尼斯堡大学也大受欧洲各国的尊敬了。

康德的日常生活，无论衣服，无论饮食，都极朴素。他的标准一在足以维持心身的健康而已。他从幼时以来，身体本来不甚强健。身材不高，胸部凹陷，肺心都受抑压。他身体得以维持多年，实由于他的保养与警戒。他一生是独身的，但是他并不是独身主义者。他对于女子并无厌恶之念。他论优美及壮美的时候，常把女子引来作例，有时且把法兰西风的艳美引来，以之描写所谓女性美。人们说，他想提出结婚，共有二次，但是终因考虑过度，致逸良机。他虽独身一世，但在康德，却没有像叔本华（Schopenhauer）那种沉郁与寂寞。他绝不是不喜社交的人。他对人们常能用轻快与殷勤的态度一一应酬。他又无哲学家或学问家通有的怪癖，他与无论何等样人都喜交际。官吏、商人、书店的店员以及其他各色人们都曾与之往来。到 1780 年止，他自己也无住宅，就同老仆一人、厨子一人过简朴的生活。午餐的时候，必有一二个客人与之同桌。而共桌的友人，他常选年轻的朋友或学生。有时候，这一种客人也有多至四五人的。他每日的日程是很规则的。每晨五时起床。从五时到开始讲义的时间（七时或八时）止，著述原稿。讲义一时间完了后，又写原稿，一直至下午一时止。此后进中餐和食后的杂谈约费二小时或三小时。杂谈终结，他就出去散步。散步的时间约一小时。其他都是读书和思索的时间。等到晚上十时，始行就床。从上面的日程表看来，我们已足以见康德为人的非凡了。而对康德的日常生活，海涅（Heine）的描写尤为有趣。他描写我们的哲学家的生活说："描写康德的生活，确是困难。因为康德没有足以描写的生活或历史的缘故。他在哥尼斯堡的古色苍然的市角选一幽静的所在，就在那儿营一种干燥的机械的旧式的独身生活。我们倘把这位带乡下气的康德先生来与寺院的大自鸣钟互相比较，那么，二者之中究竟是哪一个较为冷静，较为规则的，我们实在不易判断。从床上起来，饮咖啡，写原稿，讲讲义，吃饭，散步，这都是一定的，每日在一定的时间用一定的方法被履行着。他穿一件灰色的外套，拿一根打狗棒，出门后在菩提树下的街上开始做所谓'哲学家的散步'的时候，近邻的人们就都觉得现在时间已经是四点三十分整了。（散步时间究竟是否如海涅所言，却是疑问。）而不拘春夏秋冬，上下于这条街上者总是八次。倘使天气变为灰色，将要下雨的时候，那么，他的老仆就很担忧地拿着极大的雨伞，跟在他的后面，好像是幻象一样。内面的康德与外面的康德之间有可惊的差别。倘使哥尼斯堡的市民一旦接触他的思想，那么，他们在康德之前，如立在执行死刑官的前面的罪人一样，恐非有一种恐惧与战栗不可。但是，不懂底细的市民，看康德只不过是一个哲学先生。他们见到他，一面同他行礼，一面开准他们的钟表。"

这样，一年三百六十五日，每日一样的做去，这就是康德的生活，他不知道旅行是怎么一回事。他在最后的数年，简直连近郊都不去。康德所谓经验界是极狭隘的。他不曾见到其他的都市，他也未见到其他的乡间。他所见的只有书籍。他是在德国大学中最初讲授地文学的教授，但是他不知山是什么，且从没见过一座山。由哥尼斯堡只要二三小时就可以到的海，人们都说他从没去看过。

康德所用以补充他的经验的就是读书。他完全是古式的学问家，书籍就是他的全世界。话虽这样，可是他绝不是喜谈空理的人。他在重事实尊经验一点决不落于人后。所以他最喜欢读别人的旅行记和其他关于自然的研究。照他的门人的话，康德的旁边，无论何时，都安放着新出的书籍，这是他写原稿写到疲倦时所用以消遣以恢复他的元气的。小说、文学等也都在他读书范围之内，只有软文学却是他所排斥的。

我们现在再就康德的政治生活和宗教生活一言。对于当时的法制及时事，康德实在多不关心。他纵有忠君爱国的精神，但是没有特别足以令人注意的程度。他真是一个哲学家，却不是一个世俗人。唯他对于启蒙主义的代表的帝王——普鲁士王——因为王极尊重自由的思想，所以极表敬意。然他也不是王的绝对赞美者。他因为深恶战争，所以他对于当时的腓特烈大王（Friedrich der Grosse）也时加以猛烈的攻击。尤其是大王因军费之故，把学校经费节减的时候，康德尤为愤激。加之，康德是一个平民哲学家，所以他对于皇族贵族等等极少理解，毋宁对之常抱着一种反感。一方面，因为当时美利坚合众国已经实现，法兰西革命也已成功，他也赞成勃兴的民本政治，而嫌恶从来的贵族政治和专制政治。要之，康德做国民的态度也是根据他的学问的考察而决定的。

他与教会的关系也是一样。他承认教会的必要，他赞美教会及于民众教化上的功绩；但是他却不愿自己出入教会，履行礼拜。这或许是他在幼年时代关于教会生活太受强制，因而致此，也未可知。唯他对于基督本身，对于基督教，却抱有充分的尊敬与信仰；而于《圣经》，其尊重之念更为强烈。

及至1790年以后，康德渐行老衰，而他平生所遭遇的唯一的大难也就临头了。这一事件虽不久即行消灭，但康德的内心由此所受的伤害已是不会再归痊愈。1786年，大王崩去，继位的是威廉第二（Wilhelm II）。同年，康德升任大学总长。当临御的时候，康德曾经代表大会叙述奉迎之辞，王在答词中也曾称颂康德为哲学的权威。然至1788年，先帝的宠臣和贤相策德利茨遽行退职，沃尔纳（Wöllner）继任宰相，从此以后，反启蒙的运动顿行勃发。关于思想问题及信仰问题，政府的方针忽行一变。同年7月9日，所谓宗教令一时发布，对于启蒙主义开始实行根本的扑灭运动。威廉第二和沃尔纳用尽一切检阅、免职、惩罚等等的手段，想把先帝所筑的一切新施设加以破坏。

康德也是受这一种迫害的一人。当时，有一种《柏林月报》（*Berliner Monatsschrift*）最受政府的嫌忌。康德在这杂志上当时发表了一篇《人生的根本恶》。这一篇论文对于宗教当然是极有关系的。检阅官因为论文的内容虽与旧式的宗教思想多有出入，然所论极为深奥，究不是俗人所能了解的，所以就准他发表。但是为时不久，康德又发表了一篇《善恶的争斗》。这篇论文的内容比前篇更进一步。检阅官一见此文，便立行禁止该杂志的发卖。康德没法，乃更成二篇论文，把来与前二篇合出一单行本。这单行本的名称叫做《在理性限界内的宗教》（*Die Religion innerhalf der Grenzen der blossen Vernunft*）。内阁一闻此书出版，勃然震怒，遂向康德发一通的公函，说今上不满于康德之所为,命他此后不准再做这类论文。康德心中虽然懊闷,然知反抗之无益,乃于答书中把此后暂时不做这类论文的命令承认了。这实在是因为康德当时元气已届衰颓,更没少年时代的意气的缘故。及至后来,威廉第二去世,威廉第三即位,康德又对宗教问题自由地发表他的议论了。

1793 年,书店主人想把《由世界的立脚点所见的一般历史的意义》(*Idee zu allgemeinen Geschichte in weltbürgerlicher Absicht*)再版的时候,来请求康德加以增订,康德以年老之故把他拒绝。1799 年,康德的老衰的程度更加一层,竟已不能再上讲坛了。他对讲义虽不能胜任,可是他还是著述着。不过所谓著述也只是浪费纸笔把从来的思想加以反复而已。

1804 年 2 月 12 日康德逝世。他临终的一语是:"这是好的。"这是多么安静美丽的死啊! 他的坟墓在斯拖亚康气奈(Stoa Kantiana)。墓标上的字句是由他的《实践理性批判》(*Kritik der praktischen Vernunft*)取来的,就是:"位于我上者群星之天空,存于我心者道德之法则。"(Der gestirnte Himmel über mir,das moralische Gesetz in mir.)

二 康德的性格

1766 年 4 月 8 日康德在他致门德尔松(Mendelssohn)的书信中说:"从纯粹的内心所出的自重之失却,固是我从来最大的罪恶;但是现在已没有这样的罪恶了。"又说:"思索的结果虽得有许多清澄如水的真理,但我还没来行发表的勇气。一方,把没有思索到的事项来行发表又非我之所能。"由此看来,他的向内的意志虽很强固,可是他的向外的性格却非十分刚强。

康德有两个一见似相反对的特征。他绝不是像莱辛、巴塞(Basedow)、路德(Luther)、布鲁诺(Bruno)一流的刚强的男子。他没有与敌人拼命对抗的勇气。他乃是纯粹的学问家。他于锻炼他的思想却是百折不挠的。所以,康德的意志的强固,可以说是向着内面和自己,却不是向着外面和他人的。争斗辩论不是康德所喜欢的，就是学术上的讨论，他都不大愿意。对不合意的事，他就以让步了之。似乎幼年时代的怯懦在日后也还残留着。他自己说，他不讲未经思索的话，而即经思索的事，却也未必全讲。他真是这个样子。但就他对自己而论，他的意志之强，实在出人一等。他的道德的生活，他的经济的生活，他的饮食的生活，都依据他的主义而行，他把一切物欲都能抑止。就这点论，他虽是卢梭的崇拜者，这都不能与卢梭的性质相容的。卢梭是弱者，卢梭不能支配物欲，反为物欲所支配。所以卢梭也可说是物欲的奴隶。然而康德的生活却完全是规则的，差不多是过度地规则的。无论怎样诱惑到临的时候，他决不因此破坏他的规则。理性是他的最高的指导者。自然不过是一种理性活动的资料而已。他本身实在可称为他道德哲学的典型。他彻头彻尾是依据主义而行活动的人。他是完人。如在卢梭所能找出的那种由自然流露出来的美的心情，我们不能在康德上面找出。康德总是普鲁士风气的代表。他是喜欢规则，厌恶自然性的。当然，这是可贵的人格的一种形象；但是这只可以算一种，却不是全部。就缺点而论，凡具这种人格的样相的人们往往没有血性，没有情热，而且过于呆板。德国北部的人民，确是多有这种缺点的。

有人把康德比诸苏格拉底。例如赫尔德就是其人。在两大哲学家之间，无论在性格上，无论在思想上，确有不少相同之点。他们的长处都在站住独特的境地，不顾他人的赞否。他们对于自己所信以为真的方向竭力奋斗，却不管结果之如何。苏格拉底如此，康德也是如此。就思想论，亦复同样。他们两人对于肯定和否定，多有相似的地方。他们对于虚炫的博学家，都是极端嘲骂。苏格拉底之对于诡辩派，康德晚年之对于主张科学万能的学者，他们的态度完全一致。又在苏格拉底和在康德，他们的破坏，都是为着建设的破坏，绝不是为着破坏的破坏。苏格拉底之破坏诡辩派的怀疑哲学，是为着建设道德与信仰。康德之破坏休谟的怀疑论而标榜认识论的合理主义，是为着发扬实践理性的威严与建设宗教的道德。

三 康德的教授生活

康德的性格已如前述，我们现在再述他的教授生活。他在哥尼斯堡大学执掌教务，前后约有四十年之久。他的感化与热诚实在有足令人感佩的地方。当时德国的先觉者，无论官吏、僧侣、教育家、学问家等等，差不多没有一个未曾听康德的讲义。以僻处极东的一大学，居然能称霸于德国诸大学中者，当然是由于康德一人的力量。

康德的讲义，与沃尔夫一样，殆占广义的哲学的全领域。他所谓讲授的题材大体如后：

论理学　五十四回(1755 至 1796 年)

形而上学　四十九回(1756 至 1796 年)

道德哲学　三十八回(1756 至 1789 年)

自然法　十二回(1767 至 1788 年)

哲学辞典　十一回(1767 至 1787 年)

自然神学　一回(1785 至 1786 年)

教育学　四回(1776 至 1787 年)

人类学　二十四回(1772 至 1796 年)

地文学　四十六回(1756 至 1796 年)

论理物理学　二十回(1755 至 1788 年)

数学　十六回(1755 至 1763 年)

重学　二回(1759 至 1761 年)

矿物学　一回(1770 至 1771 年)

此外，他虽还有其他所曾讲授的题目，但就质及量而论，他一生所最擅长者，当然要推论理学、形而上学及地文学三科。在志愿讲师时代，他对这三科差不多每期讲授，等到 1770 年以后，乃于夏季讲论理学，冬季讲形而上学。1772 年，他于地文学之旁兼讲人类学，前者在夏季，后者则在冬季。做大学讲师的最初，他所注重者是数学及自然科学的讲义；但是一至 1763 年，他把数学中止,而在 1770 年以后他讲物理学只有五回。论理学(道德哲学)他一直讲到最后的一年为止。自然法、人类学及教育学,是在 1770 年以后始行开讲的。最初,每一学期,他担任四至五科目的讲义。而在某一学期,他竟担任科目至八种之多。但至 1770 年以后,他所担任者不过三科而已。就听讲者的数目而论,以一百名为最多,少则在二十名以下。

他的教授法在外形上分为讲义及学级研究两种。学级研究之中,又分讨论、试验、复习、试验的讨论、试验的复习等类。就教授法实质言,他避弃独断与注入,却注重批评与研究。他务使学生用力于独立的思索与独立的解决。康德所以讲授的目的不在养成专门的哲学者,却在于养成独立的思想与真挚的品性。他致赫茨(Herz)的书信中曾经说过:"学校生活的目的不外在于扶植一定的主义于英才的心中,以求适当地启发他们的天才。"他又说:"科学实不过为实际的分别(Die Weisheit)之手段,而正因它为手段,科学所以有它的真正的价值。这样想的时候,科学方才为必不可缺的学问。"他注重实践上的品性而把科学的知识放在下位,也就于此可见了。

四　康德的著作生活

康德最大的特长是头脑的明晰与锐利。他由此二者乃得把哲学的体系加以完成。但是他的长处不限于此,他于此外更具有一种深玄的特性。他于世界人生的究竟问题,有一种明确的洞察与深玄的鉴赏。他的学说中间差不多有像神秘主义那样的深味。照他所说,我们人类都营二种的生活:一种是感觉的生活;一种是先验的超时间的生活。他的思想的高深,就此一端已可想见。而更进一步讲,他的思想,不但是深,而且是广阔得很。他的胸中实在包罗着多种的知识。数学与自然科学既为他所擅长,而于历史、法理哲学及宗教哲学等等,也有精深的造诣,康德确不是常人所能企及的。

他的著作生活是在老年的时代始行着手的。《纯粹理性批判》的第一版的出版,实在他五十七岁的时候。这样伟大的哲学家,在这样迟的时候始行发表他的大著的,实在不易多见。倘使康德也像斯宾诺莎(Spinoza)、笛卡儿等哲学家同样地早死,那么,康德的名恐怕是与哲学史没有多大的关涉的了。所以康德,从一面讲,有他独特的幸运。但是他同时也不得不受着一种损失,就是:他因著作太迟,他在思想方面及在文章方面,总是缺少旺盛的生气和活力。

就他的文章而论,他的文笔实在不能称为德国文学界中的能手。但他初期的文章,确比老年流畅得多。例如那部《洞见精怪者的梦》(Die Traume eines Geistersehers)是在1760年代作的,他的描写就极富于暗示与魔力,能够捉住读者的内心。而晚年的大作,只示出一种不倦不厌的反复与精细,同时,干燥无味也就是这种大作的特色了。

在康德晚年的大作中可是也未始全无他们的特长。约略举之,可得三点:

(一)把一切的虚饰无用的文字都行除去,只求热烈地纯真地表示内心的思想。

(二)竭力留意于体系的完成。

(三)文辞的精密。

但是长处,从他面看,也可看做短处。第一的长处,当然伴有单调与乏味。我们在三《批判》之中,不能找出有趣或滑稽的文字。第二的长处,同时也难免呆板之诮。太顾体系,自然内容方面不能畅所欲述。第三的长处,文辞的精细固属可取,然而精细,从反面看来,也就是琐碎,冗长与散漫。

五 康德的思想发展之程序

康德关于他自己思想的发展分为二期:一为批判期;一为批判前期。这两者是以1770年的"论文"(就任教授时的开讲演说)为界限的。前于此者为批判前期,后于此者为批判期。

但是我们对于批判前期的著书,仔细施以考究的时候,我们更可把这前期划成两期。就是：一是属于 1750 年代的后半，一是属于 1760 年代的前半。在于前者，康德的研究范围为德国正统派的认识论和形而上学以及自然科学；在于后者，康德正在吸受英国派的怀疑的经验的倾向。所以前一时代可称为独断的合理的（Die dogmatisch－rationalistische）；后一时代可称为怀疑的经验的（Die skeptisch－empiristische）。而此后的所谓批判期，却可称为批判的合理的（Die kritisch－rationalistische）。对上三者，我们简称之曰第一期、第二期及第三期。

在第一期，康德正在徘徊于莱布尼茨、沃尔夫哲学之下，而同时却受些英国牛顿的影响。他在这时候的努力大部注在自然科学方面；而就中对于宇宙学、地文学和数学的物理学尤为注重。

第二期，当时极为短促。这是始于 1762 年，终于 1766 年，差不多全体不过五年的光景。在这时期，康德的研究偏重于认识论及形而上学，而同时带有怀疑的色彩。休谟是他这时期的崇拜和研究的中心。

第三期，即批判期，是开始于 1770 年。同年的"论文"，实在是这一期的序幕。"论文"在康德的思想史上，实在划着一新纪元。我们一读"论文"，的确可以见到康德的新哲学的形态和特色。在这一篇"论文"之内，最为明显的所在是感觉的认识与睿知的认识之区别，是现象界与实在界之对照。新哲学之所以为新哲学，要在于此。这样看来，这实是柏拉图主义的再现，这实是实在论的合理主义的复活。现于五官的实在，只是现象。真的实在，乃是理念界，乃是睿知界，乃是只有由于理性之力方才可以达到的世界。所谓康德的大作《纯粹理性批判》的骨子，早已存在于这"论文"之内了。1781 年《纯粹理性批判》始行出世。这册书的内容，大体是把"论文"敷衍而成；但也不无修订的地方。例如二律背反的解决，就是补那篇"论文"的不足的。1783 年，康德为着解释世俗对于《纯粹理性批判》的误解起见，他出了一册《形而上学序说》（*Prolegomena zu einer jeden künftigen Metaphysik*）。其后，1785 年，他又著《道德哲学的根本原理》

(*Grundlegung zur Metaphysik der Sitten*)，1786 年，他又出《自然科学之哲学的入门》(*Metaphysische Anfangsgründe der Naturwissenschaften*)。此后，于 1788 年，《实践理性批判》，于 1790 年，《判断力批判》，先后出世；于是三大批判始告完成。1780 年代真可谓是人类思想史上的大丰年了。

导读二 康德星云假说的哲学意义

洪 谦[①]

（北京大学哲学系教授）

> 　　康德自己说："我本来是天生成的一个学究者。我对于学究这件事是最喜欢的。对于知识的饥渴，求知的热望，是永远支配着我的头脑。我常以为只有知识乃有真正的价值；所以对于无知者常有一种怜悯之念。但是这是错了，而示我以这种错误的就是卢梭。"

　　① 本文原载于《北京大学学报（人文科学版）》1957 年第 1 期，文字略有改动。作者洪谦（1909—1992），祖籍安徽，生于福建，中国现代著名哲学家，曾先后留学日、德、奥等国，获维也纳大学哲学博士学位。回国后先后任教于清华大学、西南联合大学、武汉大学、北京大学。——编者

一

康德的《宇宙发展史概论》(1755)是他关于自然科学著作中一部最主要的著作。在这里面包含着著名的康德星云假说。这个假说就是天文学中康德-拉普拉斯星云假说的组成部分之一，是18世纪末叶和整个19世纪的宇宙起源论的一般理论基础。

康德在这部书出版以前，曾经从事潮汐摩擦问题的研究，并且发表了《地球在自转中是否发生某些改变的考察》的论文。在这篇论文内，他已经公开提出天体的产生、形成和变化的历史主义观点。这个观点给当时占统治地位的形而上学自然观打破了"第一个缺口"，为后来的科学研究开辟了新的道路。康德的《宇宙发展史概论》就是这个富于科学成果的发展观点的系统贯彻和进一步发展。

康德的《宇宙发展史概论》以旋转的云团雾团中产生天体为出发点，创立了机械的宇宙起源论的一般理论基础，完成了"牛顿所不敢担任的任务"。牛顿根本否认建立机械的宇宙起源论的可能性，认为行星的运动秩序是神亲手安排下的。而康德则强调说出："给我以物质，我就从中构成一个世界，就是说：给我物质，我为你们指出世界应当怎样从中构成的。"

因此，康德的宇宙起源论的创立，乃是德谟克利特、伊壁鸠鲁和卢克莱修的唯物论世界观在近代科学中的新胜利。关于这一点，康德在《宇宙发展史概论》的序言中曾经说过："我并不否认，卢克莱修或他的先辈伊壁鸠鲁和德谟克利特的宇宙构成论与我自己的有许多相似之点。"他还指出："关于德谟克利特的原子学说的基本之点，在我自己的宇宙起源论中也能见到的。"

康德在《宇宙发展史概论》中所提出的自然观虽然基本上是唯物论的，然而是不彻底的，是一种"羞答答的唯物论"。他曾经

◀ 法国科学家拉普拉斯

宣称神在亿万年以前创造了物质,神给予物质以自由,物质方能按照自己的规律构成世界,成为"宇宙的构造者"。他还宣称我们虽然从物质中指出宇宙的形成过程,可不能指出毛虫的形成过程。康德是不能用物质的发展规律解释生命的起源,用机械的力说明有机体的作用的。

尽管康德的《宇宙发展史概论》所提出的唯物论具有不彻底性和发展观点的局限性,然而这部书在西欧启蒙时期中对于人类思想发展的影响,仍然是极其巨大的。因此恩格斯在《自然辩证法》中对于这部书曾给以崇高的评价,宣称"在康德的发现中包含着一切继续进步的起点"。恩格斯对于康德的《宇宙发展史概论》这样崇高的评价,在天文学中除了哥白尼的《天体运行论》之外,没有其他的著作可以担当得起。

二

康德的《宇宙发展史概论》是德国启蒙时期的产物。德国启蒙时期的思想情况,无论在哲学或自然科学方面,都较西欧其他各国落后。支配英国和法国启蒙时期的哲学思想有培根和洛克、拉梅特里和狄德罗等这些彻底的或不彻底的唯物论哲学家,然而支配德国启蒙前期哲学的则是莱布尼茨和沃尔夫这些典型的唯心论者。所谓莱布尼茨-沃尔夫的理性主义形而上学对于当时最大的影响,是沃尔夫的目的论的世界观:"神创造世界以及世界的存在,是为了人类的必需、方便和安慰的目的。"这种"肤浅的沃尔夫的目的论"的基本要求,显然是企图将自然置于神之下,将自然科学置于神学之下。或者如恩格斯所说:"按照这种目的论,猫被创造出来是为了吃老鼠,老鼠被创造出来是为了给猫吃,而整个自然界被创造出来是为了证明造物主的智慧。"

德国启蒙时期的自然科学,除了莱布尼茨个人独树一帜之外,完全为牛顿的古典力学所支配。古典力学到了牛顿,已经发展成为当时唯一精确的科学,自从拉格朗日推广了欧拉和麦格洛林的方法并将数学分析应用在整个力学领域内以后，力学又达到一个新的观点。按照分析力学的观点来说，一切机械的自然事件通过函数，通过运动着的分子质量的状态（坐标）和时间的方程式（微分方程式），都能如数学那样精确地计算出来。牛顿-拉格朗日的力学，在物理学、工业技术，尤其是在天文学中的应用，得到了极其优良的结果，因此有些科学家就提高对于力学之为科学的看法，提出自然科学的各个部门都能还原到力学或力学的定律的思想。这种思想在 18 世纪的自然观方面起了巨大的影响，所谓"拉普拉斯精神"就是从它引申出来的。

当时的古典力学实际上不只是一门科学，而且是自然科学的一般理论基础，又是这个时代的科学观点总的特征。这个科学观点总的特征的中心思想，就在于肯定自然界绝对不变的形而上学见解：认为世界从存在的时候开始，以至今天甚至于在未来都始终如一地保持着原来的面目；肯定自然界在历史上与人类社会完全不同，它只有空间方面的扩张，而无时间上的变化，从而否定了自然界的历史发展的整个过程；肯定物质被神"第一次推动"以后，自然界才开始处于经常运动之中，可是这种运动并不是自然事物变化、发展的特征，而是有一自然过程反复不断地重复。

恩格斯对于从哥白尼开始的革命的发展自然观之转变为保守的形而上学自然观，曾经感慨地说："一开头是革命的自然科学，便站在彻头彻尾保守的自然界面前，在这个自然界中，一切在今天仍然和在宇宙开辟时一样，并且直到宇宙终结时一切还都是像宇宙开辟时一样。"

康德就是在这样"保守的"哲学和自然科学状态之下，从自然的历史发展观点出发，创立了他的星云假说。这个假说在天文学方面，首次奠定了科学的宇宙起源论的理论基础，达到了从哥白尼以来最大的成就，在世界观方面，则打破了"那个僵硬的自然观的第一个缺口"，引起自然科学中再一次的变革；使那"一切坚硬的东西溶解了，一切固定的东西消散了，一切当作永久存在的特殊东西变成转瞬即逝的东西，证明了整个自然界在永久的流动和循环中运动着"。

当然，康德之能创立一个科学的宇宙起源论并在天文学中达到最大的成就，并不是出于偶然，而是有他在哲学上、科学上，尤其是天文学上的历史条件为基础的。不过哲学上的历史条件对于康德来说，并不是如台尔特所提出的那样，"康德的自然科学兴趣以及宇宙的一般历史发展思想所支配的批判前期的著作，基本上是沃尔夫的理性主义影响之下的产物"。因为显而易见，作为沃尔夫理性主义内核的目的论是康德在《宇宙发展史概论》中主要的斗争对象，他在这部书里面力图将目的论思想从无机界中排除出去。康德对于目的论哲学的看法是：目的思想对无机界来说，实际上仅仅是一种无任何根据的成见，对于有机界来说，也如后来在他的《判断力批判》中所指出那样，仅能作为一种知识的规范原则（regulatives Prinxip）或"虚构"（die Fiktion）来了解的。

为康德的宇宙起源论创造了哲学上的历史条件的，是德谟克利特、伊壁鸠鲁、笛卡儿和牛顿。德谟克利特和伊壁鸠鲁在一千多年以前就从他们的原子学说出发，对于宇宙的产生、形成和变化做出唯物论的解释，他们的学说的基本思想对康德起了积极的作用，这是康德在他的《宇宙发展史概论》中自己曾经提到的。笛卡儿是在德谟克利特和卢克莱修以后提出唯物论的宇宙起源论的第一个人。他在他的《哲学原理》中宣布了宇宙生成的观念，认为世界的现有状态是从物质的涡旋运动中，经过种种不同的变化阶段，才发展出来的。笛卡儿就以他的涡旋运动理论为基础，来解释行星绕日的运行、月亮围绕行星运行以及天体的周行运动，来建立一个机械的天体起源论。

笛卡儿的天体学说虽然是以自然的历史发展为出发点，但并不能科学地贯彻这个正确观点，因为它无论在观察材料方面或数学计算方面的根据都是不精确的。当然这也应当归咎于当时客观条件的限制，归咎于笛卡儿不能如牛顿那样，有牛顿力学和万有引力定律的发现作为武器供其使用。因此，牛顿在后来反对笛卡儿关于天体学说的论战中，从数学计算上证明了笛卡儿的涡旋理论与已经确立的行星运动规律相矛盾，因此笛卡儿的天体学说就被排除在天文学之外，他的天体的历史发展观念也同时被摧毁了。牛顿提出了与笛卡儿天体学说相对立的天体力学，成为当时唯一科学的天体学说。

牛顿反对笛卡儿天体学说的论战对于康德的宇宙起源论的创立过程来说，则起了一定的积极作用。康德的星云假说实际上是牛顿力学与笛卡儿的发展观点的调和。康德在他的宇宙起源论中一方面将牛顿力学作为理论基础，但抛弃了牛顿的形而上学观点，另一方面继续了笛卡儿的发展观点，但抛弃了他的涡旋运动理论，康德不仅提出自然发展观点与牛顿力学之间并无任何矛盾的说法，而且还按照古典力学的原理来证明它们之间并无矛盾，并且以这种表面似乎矛盾，过去被认为矛盾的观点与理论为基础，建立了星云假说和天体理论。关于这一点，我们无须其他的说明，只需看一看《宇宙发展史概论》的整个名称就明白了。康德这部书的名称是："宇宙发展史概论或按照牛顿的基本原理对于整个宇宙构成的机械起源进行的研究"。

当然，对于康德创立他的星云假说提供更重要的历史条件的，是从哥白尼以来关于天文学事实材料的新发现，以及天文学观察技术的进步和望远镜光倍的改良。例如 1572 年，天文学家第谷·布拉赫已经见到出现在仙后星座的新星。18 世纪之初，在天文学中已经通过老的星图与新的星图的比较，断定有些恒星的位置有所改变。18 世纪中叶，天文学家通过望远镜发现以前仅能看出是一种微小而暗淡的小块，现在已经成为庞大的星体的集合。诸如此类的天文学事实材料，都与当时的形而上学自然观对立，都强有力地支持了康德将自然发展的概念贯彻在他的宇宙起源论中。

笛卡儿和牛顿以后的行星起源假说中，对于康德直接发生影响的，是法国天文学家布丰和英国天文学家莱特。布丰的太阳系起源理论和莱特的宇宙系统构成理论，都在康德创立自己的星云假说过程中给他许多启发。康德自己认为莱特是他的理论的先行者，并且认为他与他们的理论的关系是不可分割的。

三

近代的宇宙起源论，自从哥白尼创立太阳中心说以后，经过开普勒、伽利略和牛顿，已经有了一定的科学基础。牛顿不仅发现了控制天体运行的万有引力定律，并且建立了天体力学这门新的科学。然而牛顿并没有从他的发现中做出唯物论的哲学结论，相反地，他却从他的调和科学与宗教的唯心论立场出发，断言天体运动以及太阳系的形成来自"神的第一次推动"。关于这一点恩格斯曾经说过："哥白尼在这一时期开始给神学写了绝交书，而牛顿却以神的'第一次推动力'结束了这个时期。"

康德的宇宙起源论则以物理学原则替代牛顿的神学原则作为出发点。康德宣称物质不知在亿万年前为神所创造，但是从此以后它就可以自由支配自己，按照自己的规律来活动，丝毫不为任何超自然的力量所束缚。他强调地指出：构成宇宙系统的机械原因不是神，而是自然的发展规律，就是说，"宇宙的构成者"不是神，而是物质。因此康德在《宇宙发展史概论》序言中宣称："给我以物质，我就可以构成一个世界，就是说，给我以物质，我们就为你们指出世界是怎样从中构成的。如果基本上带着吸引力的物质是存在的话，那么我们并不难于将建立大宇宙的系统的物质原因规定下来。"

康德是怎样为我们指出世界是从物质中构成的呢？这就是说：他是怎样按照牛顿的基本原则来探讨整个宇宙构成的机械起源呢？他为了他的星云假说不受科学以外的"诗意"和"幻想"的影响，而仅仅在观察和数学的基础上建立起来，于是一方面从牛顿物理学中吸收一些"最必要的基本概念"，另一方面在天文学的材料和理论中规定一些精确的前提作为出发点。这些前提，如康德所指出的，有下列的三种：（一）物质的不连续性以及它的密度的差异性；（二）牛顿在他的万有引力定律中所规定的行星的普遍吸引力；（三）特别在气体扩张中最明显地表现出来的普遍的排斥力。康德宣称在这三个前提的基础之上，即能从混乱的、同时作为一种原始雾体的物质中建立一个"具有壮观的秩序和优美的联系的宇宙系统"。

康德宣称，"属于太阳系的星以及所有行星所由产生的物质，在开始形成物体的时候，都散布于原始质料之中，而且充满宇宙整个的空间，这就是当前各种物体运动的空间"。在这个原始的不动的混沌状态之中时刻在生长的云体和雾体的密度在吸引力作用之下，渐渐地形成了凝块。在凝块的互相冲突中间，有些质点因为丧失了它们的运动力，于是就向原始气体里面降落，于是形成了一种中心体——太阳。其余的质点则继续在吸引力以及排斥力影响之下，以圆圈的形式围绕这个中心体而运动。在各个区域里面围绕着这个中心体而运转的雾的质点继续地结成了凝块，这些凝块就引起了行星的产生。这样的事件在同样情况之下再次地反复发生，于是就引起了围绕行星而运行的月亮的形成。

康德说明了宇宙的各种星体形成的物质原因之后，就以"物质密度的差异性"为根据，说明太阳系的各种星体的相互关系和整个太阳系的形成。康德指出："地球的物质密度较之太阳为紧密，但次于月亮；接近太阳的质点则是更紧密的一种。但是距离太阳最远的行星，从它们质量来说，则较接近太阳的星为巨大，例如土星和木星。"至于火星经常发生的"貌似的例外"，在康德看来，是完全受了与它接近的巨大的木星的吸引力的影响；土星虽然有它处于火星之上的优点，但是也不能完全避免木星的吸引力的影响。康德认为"水星的质量那样格外微小，并不只是因为接近它的是那样有威力的太阳，而是要归因于它与金星为邻"。

康德这个对于太阳系起源的假说并不是纯粹的思辨，而是可以通过当时天文学理论证实的，就是说，从他的假说中所推出的太阳密度是分散在各种不同的行星的密度里面这一点，与法国天文学家布丰所提出的太阳和全部行星的物质的密度从数学上来说，是一致的。康德称这两个假说在这点上的"相似性如同在 640 和 650 之间"。

康德还从太阳系的构成出发，通过类比的方法，进一步说明整个宇宙系统的构成，他曾经在这个基础上，从行星系的产生中推出无数其他行星系的产生，从银河系的产生中推出无数其他银河系的产生。他还曾经做出一个唯物论的哲学结论，认为各种星体世界在原则上是互相联系的，各种星体系统是能在物质和它的两种力——吸引力与排斥力——基础上统一起来的。康德说："如果所有的世界和自然秩序从其起源来说，是具有相同的性质，如果吸引力是无限而普遍，微粒的排斥力也始终发生作用，如果无限宇宙之中的大小星体都是微小的，那么，我何以不能假定这些星体世界同样地具有相互联系的情况和系统的结合呢？我们何以不能将太阳系中微小的天体和具有特殊系统的土星、木星和地球了解为比它们更大的宇宙系统中的一个环节呢？"

康德对于各种星体系统的互相联系性和宇宙的物质统一性是非常重视的，因此他在说明各个星体系统的形成时都特别地指出这一点。例如，康德宣称：在宇宙之中，我们的行星系是非常微小的个别系统；太阳系是较高级的系统的一个环节，它包括其他无数的太阳系；就是银河系也不是唯一的一种，它也能构成较高级的银河系。他认为这些都是整个自然的锁链的一个环节，都是从属于自然规律性的法则和秩序中产生出来的。在康德看来，这是一种控制无限空间的统一的自然联系，在无限时间中的无限世界过程中，在世界的产生和消灭中存在着的无限多种多样性，对于未来世界来说，经常只能看作是"无限小的"。他还认为科学家看到带着无限性的不同自然秩序的根源，就会感到惊奇，然而他因之认识到在无限中一切有限的事物是"不足惊奇的"存在着的自然联系；它们是永恒的。

康德将整个宇宙看作一种不断在生灭着的自然过程,他公开提出"世界在生产和消灭着,但是无限的世界则不知有所谓'末日'。个别的宇宙和宇宙系统可以崩溃,但是从它们的崩溃中又经常产生出新的宇宙和新的宇宙系统,而且是按照不变的规律出现的。消灭了的世界和世界系统被永恒的深渊吞咽下去了。然而造物主不断地在工作着,它在其他的天边创造新的东西,同时将没落的东西补充起来"。"这个无限的世界——它的消失的部分是世界的无限的多种多样性——是自然真实的'长生鸟'(der wahre Phönix der Natur),它为了从灰烬中重新恢复它的年轻的生命,于是不惜投火自焚。"

康德坚持物质和与它联系的运动的不可消灭性,因而对于世界将由于物质力的消灭而达到"末日"的看法进行坚决的斗争。康德说:"将分散的物质运动与遵循一定秩序而运动的这部机器停下来之后,是否可以通过新的力量将它开动起来呢? 是否能按照原来的普遍法则为控制这个机器的条件呢? 这些问题是无须考虑就可以加以肯定的。"因为在康德看来,如果宇宙周转运动的力量丧失了,行星就和彗星一同突进太阳里面。这样一来,太阳因为加入了这样庞大的凝块而产生巨大的灼热,这种新的灼热就加强了太阳内部的微粒之间的激动和冲击,于是这些微粒将重新向遥远的空间扩张和分散,因此又如"原始的宇宙形成过程一样,通过物质的吸引力和排斥力的作用,重新生成许多如过去那样的东西,这些东西中间有条理的运动也渐渐恢复,再经过一定的发展过程,一个新的世界又出现于我们面前了"。

在康德的宇宙起源论中,时间和空间的无限性是作为宇宙的无限性和它的发展的无限性的一个环节而提出来的。在时间方面,康德虽然承认时间有起点,但绝对坚持时间是无所谓终点的,时间随着自然的发展进程无穷无尽地存在下去。康德说:"创世是永远不会完成的,它一旦开始了,就再不会停止,它经常忙着创造新的自然、新的事物和新的世界,它完成这些事业所需要的时间也是如此,为了使无限空间中的遥远地带的所有事物都诞生起来，所需要的时间当然非无限不可了。"

康德在空间方面的见解则更接近唯物论。他提出空间并不能与物质分离，并不是空的容纳物质的东西，空间及其构造应当通过物理的力而确定；物理的力是无穷无尽的，因而空间也是无边无界的。康德说："无疑地，吸引力是物质在空间上扩张到那么遥远的一种特性，它可以与空间同时存在，它也可以将实体通过它们的依存性而结合起来，或者这样说吧，吸引力是一种普遍的关系，通过它可以将自然的各个部分统一起来；它也可以扩张到空间整个的广袤，一直到无限的遥远。"

以上所列举的，就是康德为我们指出的从物质中构成的世界的一种图景，亦即他按照牛顿的基本原则构成的一种机械的世界图景。这个世界图景基本上是唯物论的；因为康德在这里面完全"从物质方面来了解自然界的本来面目，而不附加以外的任何东西"。在这个世界图景里面，一切超自然的成分，如"神的第一次推动力"，神的"目的性"或"完善性"，都没有存在的余地。康德曾经强调地说："应用这些原则来寻求对于宇宙起源的认识，对于哲学家来说，是一种'可怜的决断'，是一种对于'自己的无知的掩护'。"他还强调地告诉我们："如果人们能摆脱毫无根据的成见和懒惰的哲学——这种哲学企图用诚恳态度来掩盖自己迟钝的无知——那么，我希望人们在一个无矛盾的基础上建立一个切实的信念，就是：世界只能以一种普遍的自然律的机械作用作为它的起源，才能被认识。"

康德在他的宇宙起源论中所提出的自然观尽管基本上是唯物论的，甚至于是一种机械唯物论，然而是不彻底的，是不能与18世纪法国唯物论等同起来看待的。因为他虽然肯定并且解决了"给我以物质，我为你们指出世界怎样从中构成"这个问题，然而"给我以物质，我为你们指出毛虫怎样从中构成"这个问题，是18世纪法国唯物论者所能肯定而康德所不敢肯定的。康德在《宇宙发展史概论》中"星球的居民"一章内，也曾提到生命在被机械的力所控制的宇宙中的地位，也曾认为生命是依存于物质的机械条件的；他并且按照天文学中的气候特征来断定在某种地带生活着的人的性质，他认为住在离开太阳愈远的行星上的人，他们的气质则愈高尚；因为这些行星的质量比较不那样粗硬，但是康德这些见解纯粹出于猜想，毫无任何事实根据，实际上他对宇宙的机械作用与生命的关系这个问题，除了作为谈笑的资料之外——例如他在这个问题上还大谈灵魂轮回之说——并没有认真作过研究。从这一点上，我们就可以看出康德对于机械的科学原理在有机界中的应用至少是表示怀疑，甚至于认为是不可能的。从这一点上，我们就可以了解康德的机械的自然观的局限性以及他的唯物论的不彻底性了。

四

在康德的《宇宙发展史概论》中，包含着极其丰富的哲学意义，因而值得我们特别注意的，是他的研究方法。这种方法带着充分的辩证法的特点，而且从马克思主义以前的辩证法来看，也达到了较高的阶段。

康德在他的研究过程中是怎样应用这种方法的呢？从他对各种研究问题的处理来看，是这样的：他首先将天文学的对象和事件的普遍联系指证出来，其次将整个星球世界作为一种庞大的、具有规律的宇宙系统来了解，以后再说明这种自然的普遍联系的存在是可以从其发展中，从历史的生成中（aus geschichtlichen Werden）来认识的。康德就从这种观念出发，将机械的力学原理与历史的思想方法结合起来，认为力学的机械方法如果没有历史方法的一般基础，就不是一种普遍的科学方法。康德就应用这种方法来处理天文学中的基本问题，首先是处理牛顿在他的天体力学中所提出的反历史观点的思想方法问题。

牛顿曾经提出机械的宇宙起源论的不可能性，完全在于他按照万有引力定律在现存的太阳系中不能发现行星运行的任何物质原因，因此他就武断地宣称行星运行这种有规律性的秩序是神"没有应用自然的力而亲手安排下来的"。然而康德则提出神虽然在亿万年以前创造了物质,但并没有参与物质基础上形成宇宙系统的"烦琐事务",因此,如果人们在现存的太阳系中不能发现行星运行的物质起源,那么何以不回到太阳系还未形成的那种自然的原始状态呢?

康德宣称,在宇宙的现存状态之下,行星运行的空间是真空的,并无任何物质因素阻碍它。然而这种状态并不是在宇宙开始形成的时候就是如此的。"在宇宙刚开始形成的时候,物质布满了整个宇宙的空间,这就是当前各种物体运动的空间。这种自然的状态,如果不从宇宙系统本身来看,似乎是最简单的,它不遵循任何东西,因为在当时没有任何东西已经成形,天体的互相联系,它们之通过吸引力的作用而缩短距离,它们之从集合的物质的平衡状态中产生各种形式的星体,都是一些后来的状态。"

康德就是应用这种历史的方法,并按照牛顿力学的机械原理,投身于史前的那种混沌的原始状态,去探讨整个宇宙构成的物质原因;他在原始雾体、宇宙尘埃等等的涡旋式的冲击中找到各种星体形成的原因,从各种星体的物质密度的差异性中找到太阳系、行星系和银河系形成的原因,从物质的统一性以及吸引力与排斥力的普遍性中找到整个宇宙系统形成的原因,并且在这些物质原因的基础之上创立他的科学的宇宙起源论。恩格斯对于康德这种方法论在当时思想界所起的作用曾经说过:"康德关于所有现存天体都从旋转的星云体产生出来这一学说,是从哥白尼以来天文学上的最大成就,认为自然界在时间上没有任何历史的那种观念第一次被动摇了……适合形而上学的思维方法的观念,康德突破了第一个缺口,这里他应用了如此科学的方法,使得他所举的大多数论据,直到现在还保持着它们的效用。"

康德在他的宇宙起源论中将无限的星球世界看成为一种庞大的自然历史过程,不过他认为这种历史过程从其发展来看是经过种种不同的阶段,而且是不会停止,永恒地继续下去的。例如康德将原始雾体、宇宙尘埃认为是物质发展的最初级阶段,太阳、太阳系银河系等等的形成则是物质发展较高级的阶段,在太阳系与其他星体系统中还同样地有不同的发展阶段,例如太阳系是在所有星体系统中比较高级的。康德还提出,所有的星体及其系统都不是一次生成的,都是它们整个的历史生成中的一个环节。新的太阳系不断地在产生,旧的太阳系不断地在消灭;行星系在宇宙中的数目是无数的,有些在生存着,有些在产生中,有些还在开始形成。现存的银河系也不是唯一的一种,他提出当时天文学中已经见到的雾星(nebbilichte Sterne)也是银河系的一种。他深信这种银河系是在其他银河系中比较高级的。

康德从物质和它的力的不可消灭性中引申出自然事物发展的无限性。关于这一点,我们在本文第三节已经加以陈述,这里之所以重新提到它,是由于康德这种发展思想作为一种反形而上学的方法来看,与联共党史第四章第二节中所指的马克思主义辩证法的基本特征的第二条和第四条基本上是一致的:"与形而上学相反,辩证法不是把自然看作静止不变的状态,停顿不变的状态,而是看作不断运动,不断变化的状态,不断革命,不断发展的状态,其中始终都有某种东西在产生着,始终都有某种东西在败坏着和衰颓着,辩证法认为不应该把发展过程了解为循环式的运动,不应该了解为过去事物简单的重复,而应当了解为前进的运动,上升的运动,由旧质态进到新质态,由简单到复杂,由低级发展到高级的过程。"

康德对于自然事物发展原因的看法,也包含着充分的辩证法因素。他认为对于整个宇宙起着普遍的作用的两种对立的物质力——吸引力与排斥力——的内在的斗争,是自然发展过程唯一的动力,认为太阳系的形成是这两种对立的力斗争,是"机械的吸引克服机械的排斥"的结果。康德虽然在《宇宙发展史概论》中提出吸引力与排斥力的矛盾是一种辩证的矛盾,是万有引力与排斥力之间的辩证矛盾,然而他除了将排斥力看成为物质的一种后备(in Vorrat)的力以外,并没有从物理学上指出其科学的内容。但是尽管如此,康德对于吸引力与排斥力的辩证的矛盾是自然发展的实际原因，是运动的一种简单形态这一点，在当时已经有正确的观念。康德说："自然在吸引力之外本有一种其他的力在准备着。如果物质分解在微细的分子之内，那么这种力就在其中表现出来，通过这种排斥力，分子才能自己互相冲击，通过它与吸引力的冲突，就引起了一种运动，这种运动是自然界永恒的活动。"

康德在《宇宙发展史概论》出版八年以后，就发表了一篇名为《将负的力概念引入自然科学中的研究》(1763)的论文。他在这篇论文中力图说明吸引力与排斥力的"辩证关系"；他曾应用正数和负数来同排斥力与吸引力、电磁的两极作比较。不仅如此，康德还将这个"否定"扩张到对抗的方面去，并称这种对抗为潜在的对抗(potentiale Entgegensetzung)。他在 1786 年发表的《自然科学的形而上学的起因》的论文，又重新回到吸引力与排斥力的辩证矛盾的问题，并提出"物质是这两种力的矛盾的统一"。康德虽然力图给予吸引力与排斥力的辩证矛盾的概念以物理学的内容，但是由于当时科学水平的限制(恩格斯在《自然辩证法》中曾经提到过这一点)，终于不能如愿以偿。直到热力学和量子物理学创立以后，排斥力的机械作用才得到丰富的物理学内容，因而康德所谓吸引力与排斥力的辩证矛盾以及在这矛盾之中存在着整个自然的发展的说法，就得到科学的证明了。

康德在《宇宙发展史概论》中无论研究任何问题时，都是将宇宙当作一个统一的整体，星体各部分都是互相联系着，互相制约着的，他认为太阳和行星并不是天文学的许多对象偶然的堆积。行星与太阳处于空间的同一的平面上，它们按照同样的轴而旋转，行星轨道格式的一致以及其他的现象都证明我们太阳系是一种有系统的联系，这是康德的研究方法的最主要之点，亦即他的方法论包含着辩证因素的主要之点。康德强调地指出："如果在无限之中，大小的星体都是微小的，那么，何以不能假定这些星体世界同样具有互相联系的情况和系统的结合呢？我们何以不能将太阳系中微小的天体和具有特殊系统的土星、木星和地球了解为比它们更大的宇宙系统中一个环节呢?"

康德普遍地应用这种与马克思主义辩证法第一和第二特征近似的思想来处理天文学的问题,尤其是在处理一般的"行星世界起源和它的运动原因"时,表现最为突出。康德说:"我们从世界构成的观察中,可以指出它的组成部分的交互关系,通过这种关系,我们还可以将它的产生原因表达出来。这种交互关系有两方面,无论哪一方面都是可能的或可以假定的……它的一方面,就是无论怎样的原因必须在宇宙系统的空间之内发生作用,行星的圆形的位置与方向必须是一致的,它必须有引起行星运动的物质原因……另一方面,如果我们提到行星在运行着的空间,这种空间是真空的,并无引起天体的普遍影响的物质因素存在。在这个空间之内的行星运动的一致性是自己能控制的……我们考虑一下即能见到,这两方面所具有的实际理由都是同样充足而确定的,但是正因为如此我们也可以见到,我们必须有一种概念,通过这种概念,可以将这两种表面上互相矛盾的理由统一起来,并且根据这个概念再去追求真实的系统。"

从康德的研究方法来观察他的唯物论,在一定意义之下,可以说已经从机械的走向辩证的唯物论。康德虽然强调地指出星体以及星球的系统都是一种"机械的"产物,然而实际上他所谓"机械的"概念如我们以上所指出的那样,已经与18世纪法国唯物论者所谓"机械的"有些不同,它已经包含着一些辩证法的内容。正因为如此,所以资产阶级的哲学家就力图对康德当时这个积极的进步思想加以歪曲,例如当代新康德派的哲学家包哈就认为康德的机械思想到辩证思想的过渡,是单纯从力学到动力学的过渡,是康德从"物质存在"到"物质作用"(die Wirkung)的过渡(康德后来发展了一种动力学理论承认物质不是由原子,而是由某种作为运动源泉的力构成的,与《宇宙发展史概论》中恰恰相反,他承认无物质的力。),他并以此为根据将康德当时的自然哲学与现代物理的唯心论结合起来,对于这种唯心论者来说,物质在现代物理学中消失了,所余下来的只有能和作用。但是康德在他的《宇宙发展史概论》的时期，如我们在第三章中所指出的那样，是承认带着运动的物质世界客观存在，世界的一切现象都是由于物质的内在力量和活动而产生出来的。这是一种不可动摇的唯物论立场，这种唯物论立场之不可歪曲，正如康德的《宇宙发展史概论》的客观内容之不可哲学地歪曲一样。

歪曲康德的星云假说的哲学意义，并不只是哲学家的包哈而已，当代哲学家罗素对于这个假说在哲学史中的看法也是其中一个典型的例子。罗素在他的《西方哲学史》(1946)中对于康德当时的唯物论思想、发展观点和辩证因素根本没有提到，他对于康德在这部书中个别地方所表现的目的论思想竟大加赞扬，并称之为具有弥尔顿式的崇高性(Miltonic Sublimity)，然而罗素对康德与目的论自然观那样尖锐的斗争的事实，则避而不谈。康德曾经提出：如果世界是神为了一定目的而安排的，那么行星何以不精确地遵循圆形的轨道而运行？何以行星的轨道不是处于完全相同的平面之上呢？就是说：何以行星的运动到处而且经常地发生例外呢？这些都与贤明的神之干预世界事务有点不一致吧？这些事实仅能从自然本身中才能了解，应用神的"目的性"或"完善性"这些观点是完全不能说明的，因为"自然在它的多种多样性的花园以内是包含着一切可能的变化，甚至于包含着许多的缺陷和偏差"。

罗素还不顾《宇宙发展史概论》一书内包含着的星云起源学说方面的许多积极的、严格的科学观点和论据，而专从它的第三部分"星球上的居民"中，从这一比较缺乏事实根据而偏于推测和想象的一章中，来判断康德的星云假话的科学价值。罗素说："康德最主要的科学著作是他的《宇宙发展史概论》(1755)，这部书出版在拉普拉斯的星云假说之前，制定了一个太阳系的可能起源论。这部书的一些部分具有令人佩服的弥尔顿式的崇高性……另一方面则纯粹是虚构的。例如在他的理论中，所有行星上都住着人，而且最远的行星上生活着的人是最好的居民。这种看法将为世俗的道德家所赞美，但是无任何科学根据支持。"

康德在对于行星的密度、行星轨道偏心率、彗星的起源、天体的周转以及土星环和黄道光等等的研究中,都力图普遍地贯彻他的发展观点和辩证方法。但是由于当时观察材料和物理学、化学研究范围的狭隘,在许多个别的论证上并不能得到精确的结果,这是他的辩证方法的应用没有能够得到应得的效果原因之一。其他的原因,可以说是其中最主要的原因,就是康德仅将无机界作为他的发展观点和辩证方法唯一的应用范围,他不仅不能如马克思主义的辩证法那样将它们扩张到社会生活和社会历史方面,就是如 18 世纪法国唯物论那样将它们向有机界推广,也还不能做到。这是康德包含着辩证因素的研究方法最大的缺点。这样的缺点才使得他在辩证法发展史的位置落在黑格尔之后。

五

康德的《宇宙发展史概论》于 1755 年用未署名的方式出版。他并且接受友人的劝告将它献给普鲁士国王腓特烈第二。如布洛威斯基所说的那样,"康德希望因而得到他的'最尊敬的国王'允许,能在柏林或其他城市对于他的星云假说作进一步的研究"。但是腓特烈第二并没有能够读到这部书,因而他的希望就落空了。康德常引为"更不幸的"就是他的《宇宙发展史概论》在印行时间,出版者彼得森破产了,康德的书也被查封在仓库之内。因此这部书在出版后很长时间没有任何的反响,1763 年康德将其中一部分抽出来付印在他的《证明上帝存在的唯一可能证明的理由》一书之内,其他的部分则经过他的学生根希深的整理与哈深司的《天的构造》一书(1791)印在一起。这样,康德的星云假说的思想才稍微引起当时社会一些人的注意,然而它能在天文学界中引起广泛的影响,则在法国数学家拉普拉斯的《宇宙体系论》(1796)出版之后。拉普拉斯的星云假说的发现与康德的假说并无任何的关系,但由于这两种星云假说在基本原理和许多个别论据上有许多共同之点,所以德国物理学家亥姆霍兹就将这两种天文学说等同起来看待,并名之为康德-拉普拉斯的星云假说。

康德-拉普拉斯的星云假说,就其对于当时科学的发展的影响来说,不仅仅支配了19世纪的天文学,尤其重要的是推动了后来自然科学迅速地向前进展。僵硬的形而上学自然观的缺口前后一个个地被打破了。辩证的科学观点一天天地通过自然科学的新发明而体现出来。关于这一点,恩格斯在《自然辩证法》中曾经说道:"无论在有机界或无机界中,天文学、力学、数学、物理学、化学、地质学、古生物学、矿物学、植物生理学、动物生理学、解剖学、治疗学、诊断学,第一个缺口:康德和拉普拉斯。第二个缺口:地质学和古生物学(莱伊尔,缓慢进化法)。第三个缺口:有机化学,它制造有机物,表明化学可以应用在生物学上去。第四个缺口:1842年热的唯动(说),格罗尔。第五个缺口:达尔文、拉马克,细胞等等(斗争,居维叶和阿加西斯)。第六个缺口,解剖学、气象学(等温线)、动物地理学和植物地理学(18世纪中叶出来的考察旅行)中以及一般地在自然地理学(洪堡)中比较的要素材料的编整。形态学(胚胎学,拜尔)。"

但是亥姆霍兹将这两种星云假说等同起来看待,并冠以康德-拉普拉斯星云假说的名称,并不意味着在它们中间就根本没有差别:它们中间是存在着许多差别的。例如拉普拉斯的星云假说是以行星赖以形成的"围绕一个坚固中心运转的雾团"为出发点,康德的假说则比较拉普拉斯进一步,将这个作为原始物质的雾团从最基本的自然条件引申出来。还有,这两种假说在行星形成的看法中的差别,也是非常大的:按照拉普拉斯,原始的太阳星云变冷收缩了,因而增加它的运转速度,并在离心力作用之下,一些物质从太阳中分出来,于是就形成行星;按照康德,大量的宇宙尘埃的质点集中在运转着的太阳赤道上,形成了扁平的星云,这些星云围绕它的中心点并向着同一的方向运动起来,于是就产生了行星和环绕行星运动的卫星。就以彗星的起源来说,也存在着他们中间的不同点:康德提出彗星如行星一样,而且以相同的方式从雾团中产生,他将它的离心力从最遥远的距离中的微弱的吸引力中引申出来;拉普拉斯则认为彗星是一种从其他的世界空间突进行星系的吸引力范围以内的客体。

这两种星云假说的差别,在反对它们的天文学的新发现中更明显地表现出来,现代天文学对于它们最大威胁之一,就是天王星和海王星的卫星的反转性。但是从中所提出的严重问题是针对着拉普拉斯的行星从圆环物质的收缩而构成的星云假说,而对于康德所提出的行星从围绕它的中心体而运转的雾体中产生的假说则并不直接发生影响。

然而无论康德的或拉普拉斯的星云假说,由于 20 世纪天文学中许多新的现象和事实的发现,它们在理论上的缺点一天天地暴露出来,现代天文学以物理学的角动量守恒定律为基础,根据数学的计算结果,指出行星的角动量较之太阳的角动量要大得多。因此,如果我们坚持康德-拉普拉斯的星云假说所提出的从太阳中分裂出的物质环是产生行星的原因,那么就无法了解98%的角动量是属于行星,而只有 2% 的角动量属于太阳这一事实了。

此外,康德-拉普拉斯的星云假说与一些地质学方面的事实也不符合。按照这个假说来说,地壳在 10 公里深处就变成灼热的岩浆,然而从地震与爆炸所引起的波动的试验中指出,这种波动所穿过的 1000 公里厚的地层还具有固体的性质。这些由康德-拉普拉斯的星云假说所不能解释的天文学、地质学的事实,就结束了它在现代天文学中如在 19 世纪中那样的统治地位了。

康德-拉普拉斯的宇宙起源论不能解释天文学和天文物理学在后来发展中所说明的关于太阳起源的许多特征,主要的原因当然是受了 18 世纪科学水平的限制。在那个时候,既没有能量守恒定律和能量转化定律,也没有热力学和统计物理学,关于量子物理学的许多事实以及关于这方面的许多知识,根本就没有概念。在我们今天看来,如果缺少这些科学的理论前提,要想对于宇宙的起源和发展的过程有所了解，是不可想象的，因此我们从当前数学的、物理学的个别论点上来"推翻"康德-拉普拉斯的宇宙起源学说，来否定他的科学价值，是不困难的。但是这是一种对待为人类创造思想文化财富的科学家和哲学家的正确态度么？

敬 献 给

腓特烈陛下，

普鲁士国王，

勃兰登堡侯爵，

神圣罗马帝国宫内大臣和选帝侯，

西里西亚元首和大公爵，

等等，等等，等等，

我的最崇高的国王和君主。

国王君主陛下！

　　我感到自己的微贱和王位的光辉，但这并不使我自惭形秽、畏缩不前，因为仁慈异常的国君对他臣民的一视同仁引起了我的希望：我的大胆冒失的努力将不至于不受到国王的垂青。我以最恭顺、最崇敬的心情，把我这个最渺小的尝试献给君主陛下，为了它可能使陛下的科学院，通过其贤明国君的鼓舞和庇护，来同别的国家在科学上作竞争。如果我目前这个尝试能够收到一定的效果，使我这个下民全力以赴的努力多少对祖国有些用处，并能博得国王的最大的喜悦的话，我将感到无比的幸福和荣耀。我永远是，

　　国王陛下，

　　　　　　　您的最忠诚最恭顺的仆人，

　　　　　　　　　　　　　本书作者。

哥尼斯堡，
1755 年 3 月 14 日。

前　言

　　在读过卢梭的著作后，康德对于知识的评价，从此以后完全一变。他从此始以为科学与思辨没有绝对的价值，却不过是所以达到最高目的之一种手段。他从此始以为对于道德的努力乃是人类最高的义务。这样，对于认识之道德的优越引起了康德的哲学的内容上之变化。哲学乃成为一种实学，哲学乃是所以明定科学与人生的关系，因而制止知识的跋扈之学问。以康德之笔法讲起来，就是，大宇宙的哲学者牛顿不得不把思想界的宗主权让给小宇宙的哲学者卢梭了。换言之，自然的客观的研究，不是思想问题之中心，而道德的主观的研究，却成为思想问题之中心了。这样，批评哲学的基调已被奠定，同时，纯粹理性失却从来的绝对性，乃不得不受康德的批判。

　　我选择的这样一个题材，不仅内容艰深，而且涉及宗教，所以有可能使大部分读者一开始就为一种有害的成见所束缚。要在整个无穷无尽的范围内发现把宇宙各个巨大部分联系起来的系统性，要运用力学定律从大自然的原始状态中探索天体本身的形成及其运动的起源，这些想法似乎远远超出了人类的理性能力。而另一方面，宗教将对这种大胆行为加以严肃的斥责，因为它敢于把所有这些看作是大自然自行发展的结果，而实际上人们理应从这些结果中发觉至高无上者的直接参与。同时，宗教还会担心在这种好奇的考察中无神论者会找到有利于自己的辩护。所有这些困难我都很清楚，但我并不胆怯；所有这些阻力之大我都能感觉到，但我并不沮丧。我凭借小小的一点猜测，作了一次冒险的旅行，而且已经看到了新大陆的边缘。勇于继续探索的人将登上这个新大陆，并以用自己的名字来命名它为快。

　　我在看到了自己对宗教承担的义务不致受到损害以后，才决定开始这种探索。每当我前进一步，看到迷雾四散，我就热情倍增。在那朦胧的迷雾后面，好像隐藏着一个伟大庄严的形象。雾散以后，至高无上的至尊就以夺目的光辉显现了出来。因为我知道这种努力不会受到任何惩罚，所以我愿意忠实地阐述一下那些善意的或不那么善意的人们在我的计划中可能认为是有违教义的东西。我准备以坦然的态度服从正统宗教法庭的严厉制裁，这种态度是心地坦率的表现。因此，卫道士们啊，还是请先听听我的理由吧。

　　如果秩序井然而美好的宇宙，只是受到一般运动规律所支配的物质所起的作用的结果，如果自然力的盲目机械运动能从混沌中如此壮丽地发展而来，并能自动地达到如此完美的地步，那么，人们在欣赏宇宙之美时所得出的神是创世主的证明，就完全失效了。大自然是自身发展起来的，没有神来统治它的必要。

◀ 哥尼斯堡大学

于是伊壁鸠鲁①又在基督教国家中复活了。一种不敬神的哲学把信仰践踏在脚下,不过信仰却仍然以其灿烂的光辉照耀着这种哲学。

只要我看到这个题材建立起来了,我就深信宇宙的真理的可靠,就可以把一切与它矛盾的东西当作已被充分驳倒而置之不理。但我的体系同宗教是一致的,正因为如此,我把对待一切困难的信心提高到了沉着无畏的地步。

人们用宇宙的美和完善安排来证明有一个最高智慧的创造者存在,我也承认这种证明的全部价值。只要人们不是轻率地反对一切信念,人们就必须承认这种无可争辩的理由已经取得了胜利。但是我说,由于卫道士们笨拙地利用这些理由,同自然主义者争吵不休,这样,他们也就没有必要地向自然主义者暴露出自己的弱点。

人们已习惯于谈论和赞扬大自然的和谐、完美、目的以及目的与手段之间的完美关系。但是,人们一方面赞美大自然,另一方面又在贬低它。人们说,大自然根本不懂得什么是完美和谐;如果它听任自然一般法则的支配,则只能导致混乱。那些和谐只表示有一只外来之手,把无规则状态的物质强行纳入一个明智的计划之内。但是我回答说:如果物质的普遍作用规律同样是最高设计的一种结果,那么,这些规律除了力求自行完成最高智慧所安排的计划以外,大概不可能还有别的使命;倘使不是这样,人们是否会趋向于相信,物质及其普遍规律至少是相互独立的,并且以为尽善尽美地利用它们的那种最高智慧的力量,固然是大的,却不是大到无穷;固然是强的,却不是强到无以复加?

卫道士们担心,用物质的自然倾向来说明这种和谐,会证明大自然与神明无关。他们毫不含糊地说,如果人们对于宇宙的

---

① 伊壁鸠鲁(Epicuros,前341—前270),古希腊杰出的唯物主义哲学家和无神论者。他进一步发展了留基伯和德谟克利特创始的原子说,即万物皆由无限多的、最小而不可再分的物质粒子——原子——所组成。——译者

一切秩序可以找到自然的原因,而这些原因又能从物质最普遍和主要的性质中促成宇宙的一切秩序,那就不需要再乞灵于最高主宰了。但自然主义者觉得,不反对这个假定对他有利。他举出一些例子,用以证明一般自然规律的效用具有完美的结果,并用这种理由当作他们手中的无敌武器,使信奉正统教派的人陷入困境。我也想来引用这样的例子。作为造福人类的安排,人们曾多次举过一个最明显的典型的例子,那就是:在最热的地带,正当受热的地面最需要散热的时候,海风就会来满足这种要求,吹过地面,使它凉爽。例如,在牙买加岛,每当太阳高高升起,照得地面很热的时候,就在上午九点以后有一股海风开始向陆地上四面八方吹来,而且太阳越高,风力越大。下午一点,天气自然最热,风力也就最大,以后风力又随着太阳的下落而逐渐减弱,到了晚上,就平静得和早晨太阳上升时一样了。如果没有这种如人所愿的安排,人们将无法在这个岛上居住。热带的所有海岸都享受到这种幸福。它们也最需要风,因为那里是干旱地带,地势最低,天气也最热。海风吹不到的地方也正是地势较高、气候较凉、需要海风较少的地方。这一切不是都很好吗?不也是运用灵巧的手段所达到的明显结果吗?然而自然主义者却认为,必须从空气的最一般特性中寻找那种现象的自然原因,而不需要设想有什么特殊的安排。他们说得对,即使没有人居住在这样的岛上,海风必定还是要作这样的周期性运动,而且这种风不是为了植物滋长的需要,也不是由于别的原因,而是由空气的弹性和重力所造成。太阳的热破坏了空气的平衡,使陆地上的空气变得稀薄,并使较凉爽的空气从海面升起,乘虚而入地扩散到陆地上来。

总之,那一种风的利用对地球根本没有好处!那一种风的利用不是出于人的聪明!风的出现并不需要别的安排,只是由于空气和热的一般特性,而空气和热总是存在于地球上的,和这些目的根本无关。

无神论者在这里说的是,如果你们自己承认,人们可以用最一般和最简单的自然规律来说明有益的和具有一定目的的状况，而无须让最高智慧来主宰，那么，你们在这个例子中就会看到你们承认了这个说法的证明。整个大自然，特别是无机界，到处都有这样的证明，使人们认识到物质通过自己的力的作用，会得出某种正确的结果，并能自然而然地满足理性规则的要求。而一个好心肠的人如果为了挽救宗教的崇高事业，想要否认一般自然规律有这种能力，那么，他就要陷入困境，他的拙劣的辩护恰恰会给无神论者以取胜的机会。

但是让我们来看一看，人们所担心的无神论者手里对宗教有害的论据，却如何成为反驳无神论者自己的有力武器。那些受最普遍规律支配的物质，通过它的自然活动，或者说——如果人们愿意这样说的话——通过盲目的力学运动，产生合理的结果，但这些结果看来却是一种最高智慧的设计。空气、水和热自然而然地产生了风和云、灌溉土地的雨水和河流以及其他一切有益的结果，没有这些，大自然必然是永远悲惨、荒凉、寸草不生。然而它们产生这些结果不是由于纯粹的巧合或偶然，因为如果是偶然，那么它们同样也会产生不好的结果；但人们却看到它们是受自然规律的支配的，它们只能这样而不能那样地起作用。所以问题在于，人们对于这种一致性又将怎么看？不同性质的事物，怎么能够互相结合到这样高度的一致和完美，甚至在某种程度上还超出了无生命界，使人类和动物都受到益处呢？如果不认为它们有一个共同的起源，即有一种无穷的智慧设计万物的主要性质，这又怎么可能呢？如果事物的性质各自独立、互不相关，那么这是多么惊人的巧合，或者更正确地说，它们各自的自然活动竟会如此合拍，仿佛有一种深思熟虑的明智选择使它们协调起来，这是多么不可能呀！

现在我可以放心地把上述的一切应用于目前我这冒险的探讨。我假定整个宇宙的物质都处于普遍的分散状态，并由此造成一种完全的混沌。我根据给定的吸引定律看到了物体的形成，又看到了斥力改变物体的运动。我不需要任意的虚构，只要按照给定的运动定律，就可以看到一个秩序井然的整个系统产生出来，这使我感到欣然满足；这系统与我们眼前所看到的那个宇宙系统如此相似，以至我不得不把它们当作同一个东西。在大范围内自然秩序的这种出乎意料的发展，起初也使我怀疑这种正确的相互配合，怎么竟会建立在如此简单而纯朴的基础之上。但是我从上述的考虑中终于得到了启发，认为大自然这样的发展并不是什么奇怪的事，它活动的主要倾向必然会带来这种发展，而这正是它依赖于那种原始本质的最好证明。原始本质甚至在其自身中包含着一切本质及其最初几条作用规律之源。这种认识使我对我的设想信心倍增。我每前进一步，我的信心就越是增加，而我的胆怯也就完全消失了。

但是人们会说，你为你自己的理论体系辩护，也就是在为伊壁鸠鲁的意见辩护，他的看法和你的体系极为相似。我不想完全否认我与伊壁鸠鲁的观点有一致的地方。许多人就是以这种论据为借口而变成了无神论者。但是，仔细考虑这种论据仍有使他们深信至高无上确实存在的可能。对无可非议的原理作颠倒的理解，也往往可以得出非常错误的结论。伊壁鸠鲁的结论就是这样，虽然他的设想不失为大思想家智慧的表现。

因此，我并不否认卢克莱修①或他的先驱伊壁鸠鲁、留基伯②和德谟克利特③的理论与我的理论有许多相似的地方。我也像那些哲学家一样，认为大自然的最初状态，是一切天体的原始物质，或者如他们所说的原子，都普遍处于分散状态之中。伊壁鸠鲁认为有一种重力促使这些基本质点下沉，这种下沉似乎与我接受的牛顿所讲的吸引区别不大。他也认为那些基本质点

---

　　①　卢克莱修（Titus Lucretius Carus，约前99—约前55），古罗马诗人、唯物论哲学家、无神论者。他把古希腊伊壁鸠鲁的原子论系统化，并且总结和反映了当时自然科学的成就，同当时的宗教和唯心论展开斗争，反对毕达哥拉斯的灵魂轮回说和亚里士多德的目的论。——译者

　　②　留基伯（Leukippos，约前500—约前440），古希腊唯物论哲学家、原子论的奠基人之一。——译者

　　③　德谟克利特（Democritus，约前460—前370），古希腊唯物论哲学家，与留基伯并称为原子论的创始者。——译者

的下降同直线运动有某种偏离,尽管他在说明这种偏离的原因及其结果上有不合理的想法;这种偏离和我们从质点的斥力中推论出来的直线下降的变化是多少相符的;最后是从原子的杂乱运动中产生的旋涡,这是留基伯和德谟克利特学说的主要部分,而在我们的理论中也将谈到它。尽管古代真正的无神论者的理论与我的理论体系有很多相似之处,然而我的理论体系却没有犯他们一样的错误。固然,即使在那些可以博得人们赞扬的最荒谬意见中,我们也可以随时发现某种真实的东西。同时,一种错误的原则或者一些不加思索的推论会使人从真理的道路走上不受人注意的歧途,而终于陷入深渊。然而,纵有上面提到的相似性,在古代的天体起源学与当代的天体起源学之间却存在着根本的区别,两者可以得出完全相反的结论。

主张宇宙是由力学运动形成的上述学者们认为,宇宙的一切秩序都是从碰巧的偶然中得来,这种偶然性使原子巧妙地会合在一起,从而产生了一个有秩序的整体。伊壁鸠鲁甚至荒谬到这种地步,他竟然提出了原子会毫无理由地偏离它们的直线运动而互相碰在一起的主张。原子论者统统都不合理到如此地步,以致把一切生物的起源都归之于这样的盲目会合,把有理性的东西说成实际上可以从无理性的东西中推导出来。在我的理论体系中则相反,我认为物质是受某种必然的规律所支配的。我看到,物质是能从它的完全分解和分散状态中自然而然地发展成为一个美好而有秩序的整体的。这种情况并不是出之于一种偶然和碰巧;相反,人们可以看到,这是自然的性质所带来的必然结果。人们在这里不禁要问:为什么物质恰恰具有这种能达到合理而有秩序的整体的规律?难道有这种可能,性质各不相同的许多事物,能够如此自行互相制约,以至于会产生一个有秩序的整体?而且如果是这样,难道这不是无可否认地证明了它们有一个共同的原始起源,必然有一个至高无上的智慧按照协调一致的目标来设计万物的本性吗?

由此看来,组成万物的原始物质是和某些规律相联系的,而物质在这些规律的支配下必定会自然而然地产生出美好的结合来。物质没有违背这种完善计划的自由。由于它受一种最高智慧的目标所支配，所以它必然被一种支配它的原始原因置于这样协调的关系之中，而且正因为大自然即使在混沌中也只能有规则有秩序地进行活动，所以有一个上帝存在。

　　我从一些人的坦率看法中得到了许多宝贵的意见，他们看重我的这种设想并愿意加以检验，这使我有把握地觉得，虽然我所列举的理由还不能消除关于我的体系会得出有害结论的一切顾虑，但至少它们已使我不再怀疑我的见解的真实性了。虽然除此之外还有些恶意的宗教狂热者对我这种纯洁的意见加以恶意的解释，并认为这是他们神圣职责的崇高义务，但是我相信，他们的断言在有见识的人们面前，恰恰会得到与他们的意图相反的结果。再则，人们也不会剥夺我像笛卡儿①那样因为敢于只用力学规律来说明天体的形成而在公平的法官那里随时所享受到的权利。所以，我要引用《宇宙通史》作者的话②："然而我们不得不相信，这位哲学家试图把某个时候宇宙由混乱的物质所形成，说成仅仅是一度被推动而引起的运动的单纯继续，并归结出几条简明的一般运动规律，这种尝试同另一个哲学家企图用物质原来所赋有的属性来说明问题，因而受到许多人的称颂的那种尝试，同样像某些人所想象的那样，是无可指摘的和不藐视上帝的，因为他由此得出了一个无穷智慧的更高级的概念。"

　　我曾经试图消除宗教方面可能对我的理论所进行的威胁。我的理论本身是有一些不小的困难的。虽然这理论是真实的，但人们会说，上帝竟给了自然力以一种能自行从混沌变成完善的宇宙体系的神奇本领，而对最通常的事物尚且表现得愚顽不灵的人类智力，是否能在这样伟大的题材中研究出隐藏在它后

---

　　① 笛卡儿（René Descartes，1596—1650），法国二元论哲学家、物理学家、生理学家、解析几何的创始人。——译者

　　② 见该书第一部分，第 88 节。——作者

面的本质呢？这样一种大胆的尝试正如有人所说的：只要给我物质，我就给你们造出一个宇宙来。你的认识的局限性使你对天天碰到的最平凡的事物尚且认识不清，难道这还不能告诉你，要发现宇宙形成以前自然界里高深莫测的东西以及所进行的事情，是徒劳无益的吗？为了消除这个困难，我明白地指出，在自然科学所能提出的各种研究中，正是这种对天体的研究可以使人们最容易也最有把握地追溯到天体的起源。同样，在自然科学所研究的各种课题中，没有哪一个课题比整个宇宙的真实结构、一切行星的运动规律及其运行的内部发动机构的研究，更能得到正确而可靠的解决了。只有牛顿的哲学才具有这种洞察力，这是任何别的哲学都达不到的。正因为如此，所以我认为，在人们研究的各种自然物的起源中，宇宙体系的起源、天体的产生及其运动的原因是人们可望首先得到彻底而正确的认识的。这方面的原因是容易看出来的。天体是球形的物体，所以结构最为简单，这是人们在探讨一个物体的起源时所常见的一种结构。天体的运动同样不是混乱的。这种运动无非是受到一次推动后的自由继续。这种推动与中心物体的吸引相结合，便成为圆周运动。此外，天体活动的空间是空空的，彼此间的距离是远得惊人的，这一切最清楚不过地说明了它们既可以有条不紊地运动，而这种运动又能清楚地为人们所看到。我觉得，我们在这里可以在某种意义上毫不夸张地说，给我物质，我就能用它造出一个宇宙来！这就是说，给我物质，我将给你们指出，宇宙是怎样由此形成的。因为如果有了在本质上具有引力的物质，那么大体上就不难找出形成宇宙体系的原因。人们知道，物体需要什么才能成为球形；人们懂得，自由悬浮的圆球需要什么才能围绕吸引它们的中心作圆周运动。轨道相互间的位置、运动方向的一致、偏心率，所有这一切都可以归结到最简单的力学原因，而我们很有把握可望找出这些原因，因为它们可以用最简单明了的道理来说明。但是，难道人们敢说，在微小的植物或昆虫身上也能找出它们的发生、发展的原因吗？难道人们能够说，给我物质，我将向你们指出,幼虫是怎样产生的吗?难道人们在这里不是由于不知道对象的真正内在性质,并由于对象的复杂多样性,所以一开始就碰了壁吗?因此如果我敢于说,一切天体的形成及其运动的原因,或者简单地说,现在整个宇宙的结构,倒是可以先被人认识的,而且比用力学的原因来完全清楚地说明一棵野草或一个幼虫的产生反而要容易得多,人们就大可不必感到惊异了。

这就是使我树立起信心、相信宇宙学的物理学部分将来总会完成的原因。牛顿已经解决了它的数学部分。在自然科学中,除了使宇宙得以保持现状的规律以外,也许没有比宇宙形成的规律更适宜于运用这种数学分析的了。毫无疑问,一个在这里进行探索的测量技术人员将不会没有收获。

在我尽力介绍所探讨的题材,使它得到很好的理解以后,请允许我对如何探讨题材的方式简单地说几句话。第一部分是探讨整个宇宙的新体系。我在 1751 年的汉堡《自由评论》中看到了达勒姆郡的莱特①先生的论文,是他首先启发了我不把恒星看作是杂乱无章的东西,而是把它们看作与行星系很相似的一个系统,以至正如在行星系中行星的分布十分接近于一个共同的平面那样,恒星分布的位置也尽可能接近于某一个设想为通过整个空间的平面,并且由于恒星密布在这平面上而使它看起来像一条发光的带,这条带人们就叫作银河。因为这个被无数太阳所照耀的区域的方向,非常准确地是一个最大的圆圈的方向,所以我深信,我们的太阳必然同样是在这个巨大平面的附近。当我探索这种安排的原因时,我看到,很可能这些恒星或固定不动的星实际上是在缓慢移动着的更高一级的行星。为了证实这种关于恒星位置变动的设想,我在这里只想引证布莱德雷②先生

---

① 莱特(Thomas Wright,1711—1786),英国天文学家。英国达勒姆郡人。1750 年他在《宇宙起源理论或新假说》中最早提出,我们所看到的大部分星体共同组成一个扁平的独立系统,形状如圆盘,这就是银河。康德在本书中采用了这个假说并加以一定的修正。——译者

② 布莱德雷(James Bradley,1693—1762),英国天文学家,发现光行差和章动现象。曾根据大量观测编制过一本比较精确的星表。——译者

的文章中关于恒星运动的一段话:"如果我们把目前最好的观察同以前较正确的观察相比较,并根据这种比较的结果做出判断,就可以明白,有些恒星相互之间的位置的确发生了变动。而且我们看到,这并不是由于我们行星系的什么运动,而只能是由于恒星本身的运动所造成。对于这一点,大角星显然就是一个有力的证明。我们如果把这颗星现在的赤纬①同第谷②和弗拉姆斯蒂德③所测定的位置相比较,就可以发现其中的差别比他们两人观察的不正确性所产生的误差要大。我们有理由推测,在无数看得见的星球当中必然还有其他同样性质的例子,因为它们相互之间的位置可以由于种种原因而发生变动。如果我们设想,我们自己的太阳系在宇宙空间中的位置在变动,那么,经过一段时间以后它将在表观上引起恒星的角距离的变动。这是因为,在这种情况下,太阳系对离它较近的星球比离它较远的星球在角距离上有较大的影响,所以即使这些星球本身的确不动,它们的位置却似乎在变动。但如果相反,我们自己的行星系静止不动,而有些星球实际在运动,那么这运动也要改变这些星球的表观位置,而且当它们离我们越近,变动就越大,或者其运动的方向越是可以被我们察觉,其变动也就越大。由此看来,当我们考察极其遥远的星球时——肯定有一些星球处于距离这样远的地方——由于有种种原因可以使星球的位置发生变化,所以大约可能需要好几个世代才能确定一个星球的表观变动的规律。因此,要确定一切最值得注意的星球的一些变动规律,必然要更困难得多。"

我不能精确划定莱特先生的体系与我自己体系之间的界

---

① 赤纬,天体在赤经圈上和赤道的角距离。通常以赤道作为赤纬 0 度,向南北各分 90°;+90°为天北极,−90°为天南极。赤经圈就是通过天北极、天南极和某一天体的大圆,是量度天体在天球上的位置的基本圈。——译者

② 第谷(Tycho Brahe,1546—1601),丹麦天文学家。——译者

③ 弗拉姆斯蒂德(John Flamsteed,1646—1719),英国天文学家,英国格林尼治天文台第一任台长。——译者

线,也不能确定哪些地方我只是因袭了他的说法,哪些地方我曾加以发展。然而我掌握了人们可以接受的一些根据,在一个方面把它大大地发展了。我考察了云雾状星体的情况,这就是德·莫佩尔蒂①先生在《论星体的形状》②一文中所提到的一些星,它们呈现出具有或多或少洞孔的椭圆形状。这使我很容易相信,它们不是别的,而可能是一堆许许多多的恒星。这种在任何时候都呈现出好像是滚圆的形状的天体告诉了我,这里必定是一团多得不可思议的星群,而且它们必定是围绕一个共同中心排列着的,否则在任意排列时,它们的位置将是无规则的,不会出现有规则的形状。我还看出这群组成星系的星球必定主要是排列在一个平面上的,因为它们不是形成正圆形而是呈现出

---

①　德·莫佩尔蒂(Pierre Louis Moreau de Maupertuis,1698—1759),法国数学家和天文学家,曾讨论过天体演化和生物进化的问题。——译者

②　因为手边没有所引的论文,所以我想在此摘录 1745 年《学术公报》上所引的德·莫佩尔蒂先生杂文中的有关部分。第一个现象是那些在天空中出现的光亮地点,这些地点被称为云雾状星体,并且被认为是一群小恒星。但天文学家用高倍望远镜只看到它们是些大而呈椭圆形的点点,比天空的其余部分稍微亮些。惠更斯[见本书第一部分第 11 页注①]首先在猎户座上碰到了这种现象;哈雷[Edmond Halley,1656—1742,英国天文学家、哈雷彗星的发现者。——译者]在《英国科学报告汇编》中提到有六个这样的点点:(1)在猎户座的剑上;(2)在人马座上;(3)在半人马座上;(4)在安提努斯[Antinous 原认为指银河带北段的一个星座,现认为是天鹰座的一部分。——译者]的右脚前;(5)在武仙座上;(6)在仙女座的带上。如果用一个 8 英尺长的反射望远镜观察这些点点,那么就会看到,只有这些点点的四分之一可以当作星群看待;其余各处除有一个点点形状较圆,另一个点点显得更椭圆一些以外,只表现为白亮而没有显著差别的小点点。同时用望远镜在第一个呈圆形的点点上看到的小星体,也似乎不能发出那种淡白色的闪光。哈雷认为这些现象可以说明人们在摩西《创世记》中开头所说的事:光在太阳之前已被创造出来。德勒姆[见本书第一部分第 17 页注②]把它们比作洞孔,认为通过这些洞孔可以看到另一个不可测度的地带,这也许是净火天。他认为这样能说明与这些点点一同被人看到的星体,要比这些明亮的点点离我们近得多。关于这些点点,莫佩尔蒂在这篇论文中还附加上一个从赫维留斯[Johann Hevelius,1611—1687,德国天文学家。——译者]那里抄来的云雾状星体的目录。他把这些现象当作巨大、光亮、由于猛烈旋转而变成扁平状的团块。如果它们和其余的星体具有同样的发光能力,那么,形成它们的物质的量必然无比巨大,才能从距离比其余星体更远的地方在望远镜中仍出现显著的形状和大小。但是,如果它们的大小与其余的恒星差不多相等,那么,它们就不仅离我们更近,同时也具有更微弱的光;因为它们在这样的近处和以这样的表观大小,仍然显示出如此苍白的闪烁微光。所以如果它们有视差,就值得去把它找出来。因为否认它们有视差的人也许会从几个例子类推而做出一般性的结论。人们在这些点点中间碰到的那些小星,如在猎户座中的那样(或者举一个更好的例子,如在安提努斯右脚之前的那样,但看来这似乎不像别的,而只是一颗有云雾环绕的恒星),倘使它们离我们较近,那么,或者可用投影到这些点点的方式看到它们,或者它们会通过那些团块透映出来,好像通过彗星的尾部透映出来那样。——作者

椭圆的形状,而且它们那种苍白的光辉表明它们离我们无比遥远。我从这些类比中所得出的结论,将在正文中提供给没有成见的读者自己来审查。

第二部分包括了这本论著最基本的内容。我在这部分中试图只用力学规律来说明宇宙体系是怎样从它最原始的状态发展起来的。如果我可以向那些对这种大胆行为有反感、但愿意惠予检查我的理论的人们提出某种程序上的建议的话,我就请他们先读一下第八章,我希望这一章可以为他们判断一个正确的看法做些准备。如果我邀请对我抱有善意的读者来检查我的见解,那我就有理由担心,他们决定仔细地来审查我所设想的自然史,耐心地来跟我绕过许多困难走迂回曲折的道路的时候,会感到这是一件苦差事,因为这样一种假设不会比哲学的幻想受到更多的重视,或许到头来他们会像伦敦市场上叫卖商人的观众①那样,嘲笑自己的轻信,不过,他们如果读了我建议先读的预备章节第八章后能被我说服,并根据这种可能的猜测,敢于对自然界进行这种冒险性的探讨,那么我也就敢于保证,他们在以后的前进道路上或许就不会像在开始时所担心的那样,要走许多弯路并且碰到不可逾越的障碍了。

事实上,我十分谨慎地排除了一切任意的虚构。我在把宇宙追溯到最简单的混沌状态以后,没有用别的力,而只是用了引力和斥力这两种力来说明大自然的有秩序的发展。这两种力是同样确实,同样简单,而且也同样基本和普遍。两者都是从牛顿的哲学中借用来的。第一种力现在已经毫无疑义是一条自然规律。关于第二种力,牛顿的自然科学也许不能像对第一种力那样说得那么清楚,但我在这里只是在这种理解下假定了它,就是说只是在物质,例如雾气,作最细微的分解的时候才假定了它的

---

① 参看格勒特的寓言:《亨斯·诺德》。——作者[克利斯提安·腓希德高特·格勒特(Christian Fürchtegott Gallert,1715—1769)是德国启蒙运动时期的文学家,著名作品有《寓言故事集》。——译者]

存在,因为这是无人否认的事实。从这些极简单的理由,我自然而然地得出了以下的体系,这种体系不是我矫揉造作杜撰出来的,读者加以注意的话也能想象得到。

　　最后,请允许我对下述理论中所提出的原理的有效性和表面价值作一简短的说明,我希望这些原理将得到公正的裁判者的检验。人们根据商品上匠人所打的印章来公正地判断这个商品;因此,我希望人们不要对本书的各个部分提出比我对它们的评价更高的要求。总之,决不能向这样一本论著要求极大的几何学的精密性和数学的准确性。如果这个体系是建立在类比并符合可以置信的规则和正确的思考方式的基础之上的,那么它总算是满足了读者的所有要求了。我以为在本书的某几章中是达到了这种精炼程度的。例如,在恒星系的理论中,在云雾状星体的物质的假设中,在宇宙的力学起源的方式的一般设想中,在土星环以及其他一些理论中。在本文的几个特殊部分,我的把握较小,例如,关于偏心率关系的确定、行星质量的比较、彗星的各种偏离以及其他,等等。

　　所以,我在第七章中虽为这个体系的成就以及人们所能想象得到的最大、最值得惊奇的对象的正确性所吸引住,但我始终以类比的方法和合理的可信性为指导,尽可能把我的理论体系大胆地发展下去。当我在说明整个造化①的无限性、新世界的形成和旧世界的没落以及设想混沌的无限空间,而人们将因这些对象的引人入胜和理论之能在最大范围内保持一致而感到高兴时,我希望读者原谅,不要以几何学的严格性来判断它们。不言而喻,在这样的探讨中是不可能有这种严格性的。在第三部分,我也希望得到这样的公正对待。人们在这里所遇到的东西虽不是纯粹臆造的,但也不是无可怀疑的。

---

　　① 造化,德文原字是 Schöpfung,英译本译为 Creation,原意是创造,这里是指上帝的创作,也即宇宙。故译为造化,即上帝所创造的天地万物的意思。——译者

伽利略

全书提要

• *Contents of the Entire Work* •

　　赫尔德（Herder）曾回忆说：盛年期的康德，精力是很旺盛，差不多使人起一种他永不会老衰之感想。他的广阔的额，他的思想家式的额，上面往往有轻快与喜悦浮流着。他的谈话是富于含蓄与暗示。他也会说笑也会谐谈。他的讲义，无论从易于理解方面看，还是从饶于兴趣方面看，都可称第一等……讲义及会话的资料中，有人类的历史，有民族的历史，有自然的历史，有数学，有经验，等等，极为丰富。他所论及，不拘何事，不拘何物，都是有意义，有价值的。

第 一 部 分

从银河现象推论恒星的一般规则性结构综述。这种恒星系和行星系①的相似性。在天宇中发现许多这种呈椭圆状的恒星系。整个造化规则性结构的新理论。

结束语。从行星偏心率随距离而增加的规律推论出在土星以外可能还有好多行星。

第 二 部 分

第 一 章

宇宙的科学体系起源于力学的理由。反对的理由。在各种可能的理论中，足以满足这两方面的理由的唯一理论。自然的原始状态。所有物质的微粒散布在整个宇宙空间中。由吸引所引起的最初的激动。天体在吸引最强的地方开始形成。微粒普遍地向中心体降落。由物质分解而成的最细小部分的斥力。这个力和第一个力互相结合使降落运动的方向发生改变。所有这些运动都以同一的方向指向同一地带。所有质点涌向一个共同平面，并在这里聚集。它们减低运动速度，以便同它们所在位置上的重力相平衡。所有的质点环绕中心体沿着圆形轨道自由运行。这些运动着的质点形成行星。由此聚合而成的行星在一个

◀ 牛顿

---

① 行星系是指太阳系这样的天体系统。有的地方所说的"行星世界"，也是指这个行星系。恒星系则是指更高一级的像银河系这样的星系。——译者

共同平面内向同一方向自由运动,近中心点的接近于圆周运动,距离较远的偏心率也随着增大。

第 二 章

探讨行星的不同密度和它们的质量关系。为什么近距离行星的密度比远距离行星的密度要大。牛顿的解释不充分。为什么中心体的密度小于邻近它绕行的那些球体。各行星间的质量关系随它们的距离情况而定。从中心体的产生方式,可以知道它为什么质量最大。对所有宇宙物质的微粒还在分散状态时其稀疏程度的计算。这种稀疏的可能性和必要性。从德·布丰[①]先生一个值得注意的类比中,为天体的产生方式获得一个重要证明。

第 三 章

关于行星轨道的偏心率和彗星的起源。偏心率随着与太阳的距离而逐渐增加。这个规律的天体起源学原因。彗星轨道为什么会自由地越出黄道面?彗星由最轻的一种物质所形成的证明。顺便谈谈北极光。

第 四 章

关于卫星的起源和行星的绕轴运动。组成卫星的物质都已包含在其所属行星赖以集合而成的物质所处的天空区域中。这些具有一切规定性的卫星的运动原因。为什么大的行星才有卫星?关于行星的绕轴转动。月球以前是不是有过较快的绕轴转动?地球的旋转速度是不是在变慢?关于行星转轴相对其轨道平面的位置。转轴的移动。

---

① 德·布丰(Georges Louis Leclerc de Buffon,1707—1788),法国科学家、作家、进化论的先驱者之一,认为环境决定物种的变异。1745 年最早提出彗星碰撞太阳而产生行星的灾变说,具有一定的反宗教意义。——译者

第 五 章

关于土星环的起源,从土星环的情况计算土星每天的旋转。土星的原始状态与彗星情况的比较。土星大气的微粒通过土星旋转所引起的运动而形成一个环。根据这个假说,对绕轴转动周期的测定。对土星形象的考察。关于天体椭圆形的偏心率。对土星环情况的进一步测定。对于有新发现的可能的推测。洪水期以前地球是不是也曾有过一个环?

第 六 章

关于黄道光。

第 七 章

在整个无限空间和时间范围中的造化。一个大恒星系的起源。处于星系正中的中心体。造化的无限性。它总体内普遍的规则性关系。整个自然界的中心体。由于新的世界不断形成,造化在时间和空间的无限性中也延续不断。对自然界未形成以前混沌的考察。世界结构的逐渐崩溃和衰亡。这一理论的合理性。崩溃以后自然界的复兴。

第七章的补充

关于太阳的一般理论及其历史概况。为什么一个世界结构的中心体是个火焰体?对其性质的进一步考察。关于它周围空气变化的想法。太阳的熄灭。对其形状的仔细观察。莱特先生对整个自然界中心的想法。对此想法的改进。

第 八 章

关于宇宙布局的力学理论体系的正确性,特别是关于当代力学理论体系的可靠性的一般证明。事物本性具有自行趋向秩序和完善的基本能力,这是上帝存在的最好证明。对来自自然主义的指责进行辩解。

宇宙的结构是简单的,不是超自然力的。能确凿证明宇宙是力学起源的一些类比。甚至从对于共同平面的偏离也可以得到证明。神的直接安排不能令人满意地回答这些问题。迫使牛顿放弃力学理论的困难。困难的解决。在一切可能的体系中,本书所提出的是唯一能满足双方论据的一个体系。从行星的密度、质量和相距空间的相互关系,从行星排列的层次联系,也可以进一步证明这一点。上帝选择的动机不会直接决定这些情况。考虑到宗教以后所能提出的辩解。上帝直接安排的理论中所出现的困难。

第 三 部 分

附录　关于星球上的居民

各星球上的居民的比较。是不是所有行星上都有人住?对此加以怀疑的原因。不同行星上居民之间的自然状态。对人类的考察。人类不完善的原因。生物由于离太阳远近不同所引起的身体特点的自然关系。这种关系对他们精神能力的后果。不同天体上能思维的生物的比较。从他们住所的某些情况得来的验证。从神意赐福人类的布置得来的进一步证明。离题简谈。

结 束 语

人类在未来生活中的情况。

第 一 部 分

恒星的规则性结构综述

兼 论

这类恒星系的大量存在

• *First Part* •

老年的康德,无论在讲义上,还是在文字上,都已没有少年时代的意气。他的讲义先行描写问题的轮廓,然后导致新的概念,然后再加说明或修正,一步一步以达于应到的结论。所以他的讲述是不厌反复,不厌冗长的。

看那神奇的大链条，
把世界各个环节扣牢，
使伟大整体连在一道。

蒲　柏[①]

① 蒲柏(Alexander Pope,1688—1744),英国启蒙运动时期的古典主义诗人。——编者

为便于理解以下内容最必需的
牛顿宇宙学基本概念纲要^①

　　康德的日常生活，无论衣服，无论饮食，都极朴素。他的标准在足以维持心身的健康而已。他从幼时以来，身体本来不甚强健。身材不高，胸部凹陷，肺心都受抑压。他身体得以维持多年，实由于他的保养与警戒。他一生是独身的，但是他并不是独身主义者。他对于女子并无厌恶之念。他论优美及壮美的时候，常把女子引来作例，有时且把法兰西风的艳美引来，以之描写所谓女性美。

---

　　① 　这一部分简短的引论，对于大部分读者也许是多余的，但是对于那些还不大通晓牛顿原理的人，为了理解以下的理论，我想还是值得一读的。——作者

六个行星①（其中三个有卫星），即水星，金星，地球及其月球，火星，木星及其四个卫星，土星及其五个卫星，它们都以太阳为中心，围绕太阳沿轨道而运动。这六个行星和来自四面八方沿着很长轨道运动的彗星共同组成一个系统，人们把它叫做太阳系，也叫做行星的世界结构。所有这些天体的运动，因为都是圆形的而且能够自己回到原处，所以不论在哪一个科学理论中，都必须假定这种运动有两种力。一种是发射力，由于它的作用，所有的天体不论在曲线轨道的哪一点上都有继续以直线方向前进，并向无限远处奔去的趋势；但同时还存在着另一种力，不管它的性质怎样，它总是在不断迫使天体离开直线方向，使之沿着一条以太阳为中心的曲线轨道运行。这第二种力，如几何学本身所确凿指出的那样，到处指向太阳，因而叫做降落力、向心力，也叫做重力。

如果天体轨道是精确的圆圈，那么，对这种合成的曲线运动进行最简单分解就可以表明，必须存在着一种持续不断指向中心的推动力。虽然对所有的行星和彗星来说，这些轨道都是椭圆，太阳位于它们的共同焦点上，但是，高等几何学却同样能够借助于开普勒的比例定律②（径矢量或由行星向太阳所画的直线，总是从椭圆上切下这样一块面积，其大小与时间成正比）确切地证明，在整个轨道运动中必须有一个力在不断把行星拉向太阳的中心。这个降落力统治着整个行星系空间，并指向太阳，它是自然界中一个确定的现象，它也可靠地证明了一条定律，那就是：这个力从中心发出并伸展到很远很远的地方。这个力总

▶哈雷彗星

① 当时人们仅知道水星、金星、地球、火星、木星、土星等六大行星。实际上，太阳系的大行星除上述六颗外，还有天王星，海王星。此外，在火星与木星轨道之间，还有许多围绕太阳运行的小行星。——编者

② 开普勒（Johann Kepler，1571—1630），德国天文学家。他最早发现行星沿椭圆轨道运行，提出行星运动三定律。这里指的是第二定律（面积定律）：在相等时间内太阳和行星之间的连线所扫过的面积相等，也即时间同这个面积成正比。——译者

是随着与中心距离平方的增加而成反比地减小。从行星在不同距离上绕行一周所需要的时间中,同样也可以可靠地得出这条定律。这样的时间总是与行星离太阳的平均距离三次方的平方根成正比。由此可以得出,把天体拉向它们的绕转中心的力,一定同距离的平方成反比。

行星围绕太阳运行时,正是这条定律支配着它们的运动。但这同一条定律同样也适用于小的系统,也就是有卫星(如月球)围绕有关的行星运动的系统。卫星的运转周期同样与距离成比例,它对行星的降落力正好和行星从太阳所受到的这个力具有同样的关系。所有这些,在不容置疑的观察的帮助下,都不断地、毫不矛盾地为最可靠的几何学所证明。这里还有这样一个观念:这种降落力也正是在行星表面上叫做重力的那种推动力,它随着与行星的距离增加而按前面所引的定律逐渐减小。从地球表面上的重力大小和把月球推向它轨道中心的力的比较中,可以看到这一点,而月球与它轨道中心之间的这个作用力,完全同整个宇宙中的引力一样,是与距离的平方成反比的。这是我们之所以把经常提到的向心力也叫做重力的原因。

因为此外也非常可能的是,如果一种作用只是在某一物体存在时才发生,而且作用的大小只与接近这物体的程度有关,作用的方向又是非常准确地以这物体的所在地为转移,那么,不管这是怎样一种物体,它就是这种作用的原因。因此完全可以想见,这种普遍存在的行星向太阳降落的运动,应当归之于太阳的一种吸引。这是一种所有天体都普遍具有的能力。

所以,把一个物体放在这种推动力之下,使它自由地向太阳或任何一个行星降落,它总要以加速运动掉落下去,而在短时间内和太阳或行星的质量合并起来。但当它的侧面受到一击,这一击又没有大到足以与降落力相平衡,它就会以曲线运动落到中心体上;而当这个打击力更大一些,足以使它在与中心体表面接触之前偏离垂直线的距离大于中心体的半径,那它就不会接触中心体的表面,而从很靠近它的地方掠过,以降落时所获得的速度再升高到降落以前的高度，以便继续不断地沿着轨道围绕中心体运动。

因此，彗星运行轨道和行星运行轨道的差别，就在于侧向运动与促使它们降落的压力的平衡程度；两个力越是接近于相等，轨道就越像圆圈；越不相等，发射力越是比中心力弱，圆形轨道就越拖长，或者如人们所说的那样，越是偏心，因为这时天体在它轨道的某一部分上要比另一部分更为接近太阳。

在整个自然界里没有一样东西是安排得非常精确的，所以没有一个行星能够作完全圆形的运动。但彗星偏离圆形最大，因为把它推向旁边的离心力与最初作用于它的中心力之比最小。

我的讨论中将经常用到"宇宙的规则性结构"这个术语。为了使人们不难想象它指的是什么，我想稍为加以说明。实际上，所有属于我们这个世界的行星和彗星，由于它们都围绕一个共同中心体运转，已经组成了一个系统。但是，我是在更为严格的意义上使用宇宙的规则性结构这个名称的。这里我所指的是一些更为精确的、使它们的相互联结既有规则又有同一形式的关系。行星的轨道尽可能靠近一个共同平面，也就是太阳的延伸的赤道面；只有在太阳系最外边的星体才同这个规律有所偏离，因为那里的一切运动都将逐渐停止。因此，如果有一定数量的天体，把它们放在一个共同中心的周围，围绕这个中心运动，同时它们的运动又限于某一个平面附近，向平面两边的偏离尽可能地小，而且如果这偏离只对离中心最远，因而关系也较小的天体才逐步发生，那么我说，这些天体就是相互联结在一个规则性结构中。

海尔-波普彗星

关于恒星的规则性结构

对康德的日常生活，海涅（Heine）的描写尤为有趣："康德在哥尼斯堡的古色苍然的市角选一幽静的所在，就在那儿营一种干燥的机械的旧式的独身生活。我们倘把这位带乡下气的康德先生来与寺院的大自鸣钟互相比较，那么，二者之中究竟是哪一个较为冷静，较为规则的，我们实在不易判断。从床上起来，饮咖啡，写原稿，讲讲义，吃饭，散步，这都是一定的，每日在一定的时间用一定的方法被履行着。他穿一件灰色的外套，拿一根打狗棒，出门后在菩提树下的街上开始做所谓'哲学家的散步'的时候，近邻的人们就都觉得现在时间已经是四点三十分整了。而不拘春夏秋冬，上下于这条街上者总是八次。倘使天气变为灰色，将要下雨的时候，那么，他的老仆就很担忧地拿着极大的雨伞，跟在他的后面，好像是幻象一样。内面的康德与外面的康德之间有可惊的差别。倘使哥尼斯堡的市民一旦接触他的思想，那么，他们在康德之前，如立在执行死刑官的前面的罪人一样，恐非有一种恐惧与战栗不可。但是，不懂底细的市民，看康德只不过是一个哲学先生。他们见到他，一面同他行礼，一面开准他们的钟表。"

关于宇宙的普遍结构的科学理论,从惠更斯①时代以来就没有什么重大的进展。目前人们所知道的并不比那时知道得更多,即六个行星及其十个卫星几乎都在同一个平面上运转,它们同永恒的、横冲直撞的彗星构成了一个系统;这个系统的中心是太阳,行星和卫星都为太阳所吸引,绕太阳运行,并由太阳把它们照亮,使它们热起来,给它们以生气,最后,恒星也就是很多的太阳,也是很多类似太阳系的天体系统的中心,那里面的一切都可能排列得同我们太阳系一样宏伟,一样有秩序;这样多而又这样卓越的世界结构充塞了无限的空间,说明了造物主的伟大无比。

在环绕太阳运行的行星的组合中,可以看到的有规则排列,在恒星群中就根本看不到。看来,在比较小的太阳系中所看到的那种合乎规律的联系,好像在大的宇宙的各个成员之间并不适用。恒星没有表现出任何规定其相互位置的规律,它们被看成是没有秩序、没有目的地充塞着天空和所有的天层。自从人们给自己的求知欲设定了这种界限以后,他们就无所作为,而只是去肯定和赞美那个在不可思议的伟大创业中显示它自己的上帝的伟大。

后来,倒是一个英国人,达勒姆郡的莱特先生提出了一种说法,迈出了可喜的一步。不过,看起来他自己似乎并没有想由此达到什么特别的目的,也没有充分意识到这种说法是多么有用。他不是把恒星只看成是一团杂乱无章的星群,而是认为,这些恒星在整体上具有规则性的结构,而且与它们所在空间区域的主平面有普遍的关系。

我们打算对他所阐述的思想加以改进,使之能在重要结论方面获得成果,而全面的验证则有待于将来。

◀ 哥尼斯堡旧城风光

---

① 克利斯提安·惠更斯(Christian Huygens,1629—1695),荷兰物理学家。对光的波动理论最早进行了系统阐述。他是牛顿的同时代人,比康德差不多早一个世纪。——译者

无论是谁在晴朗的夜晚仰望星空，都会看到一条明亮的光带，那里比别的地方聚集了更多的星体，越远的地方越是看不清楚，因而呈现出一道单调的光，人们称之为银河。奇怪的是，天体观察者们却从来没有为天上这一清晰可辨的区域的情况所触动，从中推导出恒星位置的特殊安排来。因为人们看到这条光带处在一个最大圆周的方向上，并绵延不断地绕过整个天空；这两点意味着它具有一种精确的规定性，具有同偶然的不确定性显然不同的特点。按理，细心的天文学家早就该受到它的启发而仔细地去寻求这种现象的解释了。

星体并不是位于天球①的凹面上，而是离我们的视点一个星比一个星远，逐渐消失在天空的深处。由这个现象可以得出，这些星体并不是四面八方随便分散在离我们不等的位置上的，而必定是主要与某一平面有关。这个平面通过我们的视点，而且看来星体都排列得尽量同它靠近。

这种关系是一个如此毋庸置疑的现象，甚至还包括在这个银白光带内的星，位置越接近银河圈，就越是集中，越是紧凑，因而天空中肉眼所能看到的 2000 个星体②，绝大部分都处于以银河为中心的一个不太宽阔的地带之内。

如果我们在想象中通过星空画一个无限延伸的平面，并假定所有恒星和星系的位置都同这个平面有普遍联系，即它们距离这个平面较近，距离其他区域较远，那么，一个人在这个关系平面上瞭望天穹③凹面的星空，朝着这个由许多光所照亮的区域，将在这个拉长的平面的方向上看到这些最密集的星群。因为观察者自己是位于这平面上的，所以这条光带就将沿着一个大圆的方向延伸出去。在这区域中恒星密布，由于它们的亮点

①　天文学家为了便于研究天体，假想以观测者为中心，以无限长为半径所作的球，叫天球。——译者

②　现代天文学家用肉眼观察到的天空的星体(恒星)约为6000个，但用高倍望远镜所能观察到的恒星则多得难计其数，如河内恒星据有人估计就达1000亿个。——译者

③　指天空。——译者

无限微小,不能区别,又密集成群,所以呈现出一条白茫茫的光带。一句话,这就是银河。其他星辰则与上述平面关系越来越少,或者它们尽管离观察者的位置较近,又无论其对这平面的密集程度如何,但看起来还是较为分散。由此可以得出,由于我们是从太阳系出发在一个大圆的方向上看到这个恒星系的,所以太阳系也处在同一个大平面内,并与其他的太阳系共同组成一个系统。

为了更好地了解宇宙中所存在的普遍联系的情况,我们要设法找出使恒星的位置和一个共同平面发生联系的原因。

太阳的引力范围并不限于行星系的狭小区域。从一切现象看来,引力是无限延伸的。在土星轨道以外跑得很远的彗星,由于太阳的引力又被迫回转来沿着轨道运动。认为力是无限的,似乎更符合于同物质本质相联系的力的性质。接受牛顿定律的人也确实是这样看的。但是,我们只是认为,太阳的引力大约延伸到邻近的恒星,这些恒星就是许多的太阳,它们在同样的范围内对周围发生作用,因此,都要通过吸引求得彼此接近;这样,我们就会发现,宇宙的所有系统都将由于不断的和阻挡不住的相互接近而迟早要落到一起成为一团,除非像在我们行星系中的各个星球那样,由于离心力的作用而避免了这场灾难。这种离心力使天体从直线下落的状态中偏离出去,当它和引力结合起来的时候,就引起永恒的圆周运动。这样就保证了宇宙大厦不致毁灭而可以永无止境地存在下去。

因此,天穹中所有太阳都在运转,或者绕一个共同中心运转,或者绕许多个中心运转。我们不妨根据太阳系的运行情况来进行类比。行星所受的离心力是使行星运转的原因,同样也是确定行星轨道的方向,把它们都联系在一个平面上的原因。因此,也就是这个原因,不管它是什么样的一种,给了高级世界中的各个太阳,作为更高宇宙系统中的许多行星以运转的能力,使它们的轨道尽可能转入一个平面,并竭力不从这个平面上偏离出去。

根据这种想象,如果把行星系无限扩大,恒星系就可以在某种程度上用行星系来描摹。假设有几千个行星和卫星,而不只是 6 个行星及其 10 个卫星,假如把已观察到的 28 个或 30 个彗星增多到一百倍或一千倍,如果这些星体又都是自发光体,那么,当观察者从地球上看它们时,就会看到它们具有和银河里的恒星一样的外貌。这些假想的行星靠近它们所关联的共同平面,并与我们的地球处于同一平面内,因而在我们看来,它们是一条为无数稠密的星体所照亮的光带,它的方向就是天球上大圆的方向;虽然根据假设,这些星体都是能游荡的行星,因而并不固定在一个地方,但是这条光带将到处星体密布;这是由于星体的位移,任何时候总有一些星从这一边移开去,而另一些又总会移到这个地方上来。

这个被照亮的区域好比一条黄道带①,其宽度既取决于上述游荡的星体从它们所关联的平面偏离出去的不同程度,也取决于它们的轨道与这平面所形成的倾角。这些星体大多数靠近这一平面,所以离开平面越远,它们就显得越分散。但是,不加区分地占据空间所有方位的彗星就会从其两边来遮满天空。

所以,恒星天空的面貌不是由于别的原因所造成,而是正像我们小范围内的行星世界的规则性结构一样,由于大范围内的这种规则性结构所造成。在这大范围的结构中,所有的太阳构成一个系统,银河就是它的共同关系平面。那些同这个平面关系最少的太阳可以在银河面的两边看到,正因为如此,它们不够密集,很分散,为数也不多。可以说,它们在银河中的地位,犹如太阳系中彗星的地位一样。

这个新的理论认为,太阳具有向前移动的属性,但是,每个人都把它们当作不动的,是一开始就固定在原来的位置上的。由此而来的"恒星"这个称呼,似乎经过历代以来的观察已成为不容怀疑的定论。如果这种说法确有根据,那就是一个难题,它

---

① 地球公转的轨道平面和天球相交的一个大圆称为黄道。在天球上,位于黄道两边各 8°(共宽 16°)的空间,叫黄道带。太阳、月亮和各个主要行星的轨道都处在黄道带内。——译者

会摧毁我们这里所提出的理论。但是从全面来看,恒星并不运动只是一种表面现象。这或者是由于它们离星体公转的共同中心太远因而其运动显得特别缓慢,或者是由于离开观察地点太远而看不出它们在运动。让我们来计算一下靠近我们的太阳的一个恒星的运动情况(假定我们的太阳是这个恒星轨道的中心),用以衡量上述的想法是否可能。按照惠更斯的看法,假定这个恒星与太阳的距离比地球与太阳的距离大 2.1 万倍以上,则根据既定的运行周期定律,周期与中心的距离立方的平方根成正比,可见这样一个星体绕太阳一周所需的时间将为 150 万年以上,而这样的运动每四千年只能使它的位置移动一度。大概很少有恒星能像惠更斯所推测的天狼星那样离太阳这么近,其余一大群星体离太阳的距离也许远远超过天狼星,这样,它们的公转周期就更要长得多了。而且,在星空中很可能各个太阳都在围绕一个共同中心运动,它们的距离又是大得无比,因而星体的移动可能显得万分缓慢。由此可以推论说,很可能自从人类开始观察天空以来的全部时间,也不足以觉察到星体位置的移动。但是我们不必放弃将来总有发现这种移动的可能的希望。这需要有敏锐而细心的观察者,还需要同相距很远地方的观察结果进行比较。特别要观察银河中的星体①,因为银河是一切天体运动的主要平面。布莱德雷先生几乎已观察到难以觉察的星体的移动。古人在天空的某些地方看到了一些星体,我们则在别的地方发现了一些新的星体。谁知道这些新的星体不就是古人已看到过的、只不过改变了位置的老星体呢?我们的仪器很出色,天文学也很完善,因此我们有充分根据可以期望发现这种奇特而惊人的事情②。这件事本身因出于自然和类比的原

---

① 同样也要观察这样一些星团,其中有好多是共同处于一个狭小空间之中的,如昂星团那样。这些星团也可能在较大体系中自成一个小体系。——作者

② 德·拉·伊尔(De la Hire)在 1693 年的《巴黎科学院记事录》中写道,从他自己的观察中以及他的观察同李西奥鲁斯(Ricciolus)的观察的比较中,他发现昂星团中各个星的位置有了显著的变更。——作者

因而值得相信，它有力地支持着这种希望，从而能引起科学家们的重视去实现这个希望。

可以说，银河也是由新星构成的黄道带，这些新星几乎只是在天空的这个区域中交替地出现和消失。如果这些星的时隐时现是由于它们离开我们和接近我们的周期变化，那么，从上述这些星体的规则性结构看来，这种现象必定大部分只能在银河范围内看到。因为这是些沿着拉长的轨道绕其他恒星，像卫星绕行星一样运转着的星体，所以同我们的行星世界进行类比，就要求只有银河中的星体才会有太阳绕它们运转，正像在行星世界里，只有在行星运动的共同平面附近的天体，才有卫星绕它们运转一样。

现在，我要讲到我理论中最引人入胜的部分，它表达了宇宙设计的雄伟思想。使我想到这个理论的一连串思路很简单，也很自然。我的想法是这样：假定有一个恒星系，恒星的位置关联于一个共同的平面，正如我们所设想的那个银河一样；这个恒星系离我们很远，里面各个星体甚至用望远镜也辨别不清；假定它的距离对银河中星体间的距离之比，正好是这距离对太阳和我们之间的距离之比；简单地说，假如这样一个恒星世界在如此遥远的地方为这个世界以外的观察者所看到，那么，从这个小的视角来看，这个恒星世界就成为被微弱星光所照亮的一个小小空间；如果视线垂直向平面看去，其形状是圆的；当视线偏斜时，就变为椭圆形。如果存在这种现象，那么，这个星系的微弱的光、形状和表观直径①等，就使它明显地区别于所有可以分别观察到的单个的星。

在天文学家的星体观察中，我们不必花很长时间就能找到这个现象。很多观察者也都清楚地看到过它。他们对这个奇特的现象莫不感到诧异，引起种种猜测，有时提出奇怪的假设，有时提出同样没有根据的各种可能的想法。我们指的是那些"云

---

① 表观直径，也叫视直径，天体直径对于地面观测者的肉眼所成的角度。——译者

雾状星体",或者不如说是德·莫佩尔蒂先生曾描述过的那一类星体的一种①:"它们是发光的小块,只是比黑洞洞的天空背景稍为亮一点,它们比较一致的地方是,形状都是或多或少有些像孔洞的椭圆,光度比我们在天空中可以看到的任何一个天体都要弱得多。"《天文神学》②作者设想它们是天穹中的孔穴,认为通过这些孔穴可以看到最高一层的净火天。一个思想较为开明的哲学家,即上面已提到的德·莫佩尔蒂先生,鉴于这些天体的形状和它们可以识别的直径,认为它们是一些大得惊人的天体,由于旋转力而造成巨大的扁平形状,因此从旁边看去就显示出椭圆的形状来。

我们不难论证,这后一种解释同样是站不住脚的。这样一种云雾状星体,由于无疑至少必须同其他恒星一样离我们很远,所以它们不仅要大得惊人——一定比最大的恒星还要大几千倍——而且最奇怪的是,它们虽然是自己发光的天体和太阳,而又是如此之大,但所发的光却会显得十分暗淡,十分微弱。

认为它们不是如此巨大的单个的星,而是由许多星构成的系统,这种想法更为自然,也最容易理解。这些星距离我们很远,看起来处在一个十分狭窄的空间之中,每颗星单独发出的光是难以觉察的,但由于它们数目多得无限,所以在我们看来就呈现出一片淡白的微光。同我们所处在的星系的类比,像我们的理论所认为必须是这样的它们的形状,由于假定距离无限遥远而要求的光的十分微弱,所有这些,都完全符合于这样一种观点:这些椭圆图形是一些同一级的世界结构,好比我们在此以前刚阐述过的那些银河。如果在这些猜测中类比和观察完全一致,并可以相互印证,而且跟正式的证明一样有价值,那么,就必须肯定这些系统是确实存在的了。

---

① 见《论星体的形状》,巴黎1742年版。——作者
② 《天文神学——从天体观察证明上帝的存在和属性》,德勒姆著,伦敦1714年版。德勒姆(William Derham,1657—1735)是英国神学家和自然哲学家。——译者

天体观察家们现在完全有理由把注意力集中在这个课题上。我们知道，各个恒星都联系在一个共同平面上，从而组成一个协调的整体，这是许多世界中的一个世界。人们看到，在无限远的距离上还有着更多这样的星系。在这个无限辽阔的范围中，造化处处都是有规则的，它的各个成员都是相互联系着的。

还可以进一步猜测，这些更高的世界系统也不是互不相关，而是通过相互联系从而构成了一个更加广大的系统。我们确实看到，这些椭圆形的云雾状星体，如德·莫佩尔蒂所提出的那样，都同银河的平面有非常密切的关系。一个广阔的天地还有待于发现，关键在于观察。对于实际的那些所谓云雾状星体，以及那些人们还在怀疑是否应当这样来称呼它们的星体，都要在这个科学理论指导下受到考查和检验。如果我们有目的地按照已发现的设计对自然界的各个部分进行考察，我们就会发现自然界的某些特性。如果没有指导而对形形色色的天体胡乱进行观察，那么这些特性就往往会被忽视掉，发现不了。

我们所阐述的科学理论为我们探索浩瀚无边的宇宙开辟了道路，并使我们认识到，上帝的事业是与伟大造物主的无限性相称的。地球在宏大的行星世界里好比沧海一粟，几乎很难觉察。如果这已经使人十分惊奇，那么，当我们看到密布在广大银河中的数量无限的世界和星系，那该引起多大的惊异啊！但是，当我们意识到所有这些难以估量的星球系统组成了一个单位，而这样的单位共有多少，我们不知道，它们也许多得不可想象，而这样一个不可想象的数字，却又是新的一个不知其位数有多少的数字的一个单位，当我们想到这一切时，我们又将感到何等的惊奇。我们看到了各个世界和星系发展出来的第一批成员，而这种无限系列中的第一部分已经使我们能认识到应该对其整体作什么样的推测。这里确实是无边无际、无穷无尽，尽管人类的理解力可以求助于数学，但对此也无能为力。已表现出来的智慧、善良、力量是无限的，也是无限有用、无限活跃的。因此，智慧、善良和力量所显示的整个设计，同智慧、善良和力量自身一样，也必然是无限的,无边无际的。

　　然而不仅要在大范围内做出重要发现,使我们对宇宙之大的概念有所扩展,在小范围内也有不少没有发现的东西。甚至在我们的太阳系里,我们看到这同一系统中的许多成员相距非常遥远,在它们之间的中间部分里还无所发现。如土星是我们所知道的最外面的一个行星,偏心率最小的彗星也许从十倍远或更远的地方向我们下落,在土星和偏心率最小的彗星之间,是不是就没有别的行星,其运动情况不接近于土星而更接近于彗星呢?是不是还有更多的其他星体,经过性质相近的一系列中间状态而从行星逐渐变为彗星,从而使后者和前者联系了起来呢?

　　行星轨道的偏心率和它与太阳的距离之间存在着一定的关系,表示这种关系的定律支持了我们的这个推测。各个行星在运动中的偏心率随着与太阳的距离而增加,因而那些远离太阳的行星在性质上也很接近于彗星。因此可以猜想,在土星以外还有其他行星,它们的偏心率更大,与彗星关系更接近,于是行星借助于连续的中间阶段最后成为彗星。以金星椭圆轨道半轴的长度计算,它的偏心率是 1/126,地球是 1/58,木星是 1/20,而土星是 1/17;所以偏心率显然是随距离而增加的[①]。固然不错,水星和火星的偏心率远比它们与太阳的距离所允许的要大,因而对这定律来说,它们是例外。但是以后我们会看到,正是这个原因,为什么有些行星在形成时分到的质量较小,也就是其所需的离心力小,不足以作圆周运动而引起偏心现象的原因,从而使这些行星在这两方面[②]都出现例外情况。

　　根据这种看法,是否有可能土星以外最靠近它的天体,它们偏心率的递减程度大概和土星以内的天体一样有一定比例,因

---

① 据现代天文学观察,行星轨道的偏心率为:水星 0.206、金星 0.007、地球 0.017、火星 0.093、木星 0.048、土星 0.056、天王星 0.047、海王星 0.009。——译者

② 指质量和偏心率。——译者

而行星不是通过突然的变化而在性质上同彗星相接近呢？因为可以肯定，偏心率的不同正是彗星和行星之间的主要区别，这些星体的尾巴和汽状的球则不过是偏心率的结果；同时，正是这个使天体沿轨道运动的原因，不问它的性质怎样，在距离较大时不但已经减弱，不足以与旋转运动的降落力相平衡，因而使运动发生偏心现象；而且也正因为如此，所以这些星体不能和土星以内的星体在同一个平面上运行，从而使彗星能够在天空中到处游荡。

　　根据这一推测，人们也许还可以期望在土星之外发现新的行星，它们的偏心率要比土星大，因而在性质上更接近彗星；正是由于这个缘故，我们只能在很短时间内，即当它们处在近日点时看到它们。这种情况，再加上它们离太阳远，发光又微弱，所以直到现在还妨碍着人们去发现它们，而且将来也难以发现。最后一个行星（如果人们愿意这样叫它的话）也就是第一个彗星，它的偏心率会大到这样的程度，足以使它在其近日点地方同最靠近它的行星的轨道，也许就是土星的轨道，相交叉。

第 二 部 分

关于自然界的原始状态、天体的形成、天体运动的原因以及它们在整个宇宙中，尤其在行星系中的规则性联系

• Second Part •

康德在哥尼斯堡大学执掌教务，前后约有四十年之久。他的感化与热诚实在有足令人感佩的地方。当时德国的先觉者，无论官吏、僧侣、教育家、学问家等等，差不多没有一个未曾听康德的讲义。以地处德国最东边陲小城中的一所大学，居然能称霸于德国诸大学中者，当然是由于康德一人的力量。

看！那演变中的大自然向它的伟大目标运动，
太阳的每一微粒跟另一微粒靠近，
一个被吸引的，又把别的吸引，
努力塑造自己，还把附近的拉进。
物质千变万化，
一齐涌向中心。

蒲　柏

第 一 章
关于行星系的一般起源
及其运动的原因

　　一年三百六十五日，每日一样的做去，这就是康德的生活。他不知道旅行是怎么一回事。他在最后的数年，简直连近郊都不去。康德所谓经验界是极狭隘的。他不曾见到其他的都市，他也未见到其他的乡间。他所见的只有书籍。他是在德国大学中最初讲授地文学的教授，但是他不知山是什么，且从没见过一座山。由哥尼斯堡只要二三小时就可以到的海，人们都说他从没去看过。康德所用以补充他的经验的就是读书。他完全是古式的学问家，书籍就是他的全世界。

从宇宙各个部分之间的相互关系以及产生这些关系的原因来看宇宙,有两方面的情况同样可能,同样可取。先从一方面来考虑:有六个行星及其十个卫星,它们都以太阳为中心按照太阳转动的方向沿着轨道运行,它们的一切运转都受太阳引力的控制;它们的轨道偏离一个共同平面,也就是太阳赤道平面的延伸面附近;对于太阳系中距离最远的天体,根据推测,它们运动的共同原因①不如在中心点附近那样强,因而出现了与上述几种精确规定的偏差,这种偏差与推动作用的不足的大小成一定比例。总而言之,如果我们把所有这些关系都考虑到,我们就会倾向于相信,有一种原因,不管它是什么,在太阳系的整个空间中曾发生过普遍作用,而行星轨道方向的一致和轨道所在位置的一致则是协调的结果。一切具有这种物质原因的行星都一定有过这种协调,使它们运动起来。

另一方面,当我们考虑太阳系中的行星在其中运转的空间时,那么就可以看到,它完全是空的②,一切可能对这些天体发生共同影响的并使其运动得不到协调的物质都并不存在。这种情况是完全毋庸置疑的,而且也许比第一种可能性有更大的可能。牛顿从这个理由出发,不承认有这种蔓延在行星系空间中的维持共同运动的物质原因存在。他断言:上帝直接用他的手而不是用自然的力量,做好了这样的安排。

人们公正地考虑时就会看到,这两方面的理由同样都是强有力的,完全可靠的。但是同样明显的是,必须有一个理论,它可能而且应该把表面上相互冲突的这两种理由统一起来,一个

◀ 哥尼斯堡城中的康德岛

---

① 指它们所受到的引力。——译者
② 这里我不打算讨论这个空间实际上是不是可以叫做空的。但只要提一下以下的事实就够了:所有在这个空间中可能遇到的物质,同我们讨论的那种运动着的物质相比,它的能力太微弱,不足以引起什么作用。——作者

真实的宇宙系统应该从这一理论中去寻找。我们打算用简短的话来说明它。现在整个行星系的星球在它里面运转的空间中，并不存在能够推动或者促使它们运动的物质原因。这个空间完全是空的，至少也和空的一样，因此它以前的情况必然和现在不同，必然曾经布满着具有充分活动能力的物质，它们把运动转移到了空间中的一切天体，使天体的运动和物质的运动，从而使一切运动相互之间取得了一致。引力扫清了这个空间，把所有散布在其中的物质聚集成为特殊的团块之后，行星就必然以一度被推动的运动在一个没有阻力的空间中自由而不变地继续运转。根据上述第一种可能的理由，完全需要有这样一个理论，而且因为在这两种可能之外没有第三种可能，所以这个理论能受到人们的无比赞美，把它看作是胜过假说的东西。固然，如果人们不怕麻烦，也可以通过一系列彼此相联系的结论，按照炫人耳目的数学方法的方式——这往往要比自然界范围内通常所显示的更为炫人耳目——终于到达一种和我关于宇宙体系的起源问题所要阐述的想法一样的想法。不过我宁愿以假说的方式来阐述我的看法，让读者的洞察力来检验它的价值。我不愿意通过骗人的论证来造成假象，这反而会使人怀疑它的有效性，结果只能赢得无知者而失去专家们的赞许。

我假定，构成我们太阳系的星球——一切行星和彗星——的物质，在太初时都分解为基本微粒，充满整个宇宙空间。现在这些已成形的星体就在这空间中运转。这种原始的自然状态，即使我们根本无意把它看作是一个系统的起源，似乎也是一种不会得出什么东西的最简单的状态。当时它还没有形成什么东西。相距遥远的天体的形成，它们相互之间由吸引作用所规定的距离，以及它们由所聚物质的平衡而出现的形状，所有这些都是后来的事。直接与造化相连的自然界曾经是无比地粗糙，根本不成形。但是在那些促成混沌的微粒的主要特性中，已能觉察到它们一开始就有的那些完善性的特征，因为它们的本质是神智的永恒观念的结果。这些最简单、最普通的特性似乎是盲目设计出来的。而似乎只是被动的、需要给它一定形状和布局的物质,在它最简单的状态中,却有一种能够通过自然发展而形成一个较完善的结构的倾向。但是微粒种类的多种多样性,对于自然界的调节和混沌的形成特别有利,因为这时,由于假定分散的微粒因种类相同而呈现的静止状态将要消失,而混沌就在吸引作用较强的微粒所在的地方开始形成。这种基本物质的种类,根据自然界在各方面表现出来的无限性,无疑是千差万别的。密度和引力最大的那些种类,所占空间较小,也比较罕见,因此在宇宙空间中同样分布时,它们比起较轻的一些种类来就显得更为分散。密度比轻的微粒大 1000 倍的微粒,其分散程度也要大 1000 倍,甚至大 100 万倍。由于必须设想这些密度不同的物质尽可能彼此无限分开,所以在天体的组成部分中,一种密度可以超过另一种到这种程度,有如一个用行星系半径表示的球体要超过只有其直径 1/1000 的另一个球体一样,因而密度大而较分散的微粒在相互距离上也要相应地超过密度小的微粒。

在以这种方式充满物质的空间中,普遍的静止只能持续一个瞬间。这些微粒具有促使它们相互运动的基本能力,它们本身就是活力的一个源泉。在这种情况下,物质就立即努力去形成自己。密度较大而分散的一类微粒,凭借引力从它周围的一个天空区域里把密度较小的所有物质聚集起来;但它们自己又同所聚集的物质一起,聚集到密度更大的质点所在的地方,而所有这些又以同样方式聚集到质点密度更为巨大的地方,并如此一直继续下去。所以,当人们从思想上在整个混沌的空间中追随这个正在形成中的自然界时,人们就会很容易觉察到,这种作用的全部结果也许是最后促成各种团块的产生,产生以后也许就会由于引力相等而平静下来,并且永远静止不动。

但自然界还贮有其他的力,主要表现在当物质分解成微粒时它们之间的相互排斥,表现在排斥和吸引相互斗争中所引起的那种运动,这种运动好像是自然界的永恒生命。向引力中心下落的微粒,由于斥力的作用,会杂乱地从直线运动中向侧面偏转出去,使垂直的下落运动变成围绕降落中心的圆周运动。这种斥力表现在雾气的弹性中、有强烈气味的物体的扩散中以及一切含有酒精的物质的传播中,是自然界中一个无可争辩的现象。为了对宇宙的形成有一个清楚的了解,我们且把我们对于整个无穷的自然界的考察只限于我们的太阳系。考察了它的产生,就可以用类似的方法探讨更高世界系统的起源,并用一个科学理论来概括整个宇宙的无限性。

因此,假如在一个很大的空间中有一个地点,这里微粒的引力比其周围其他地方要大,那么,分布在这整个范围内的基本物质的质点就会向这一地点落去。这种普遍的下落运动的第一个作用,就是在引力中心形成一个物体,它好像是一个无限微小的胚芽在迅速生长,它吸引的下落物越多,对周围物质的吸引力就越大,生长也越快。当这个中心物体增大到它所吸引的远处质点的速度,由于阻挠质点互相接近的微弱斥力而向旁偏转时,就变成侧向运动,再借助于离心力的作用,就形成一个围绕中心物体运转的圆周运动。这样,这些质点就形成了巨大旋涡,其中每一个质点由于吸引力同产生侧向偏离的转向力相叠加,都在做曲线运动。这是什么样的一些互相交错的轨道呀,在这个空间中有足够的地方可供它们彼此这样分散。同时,这种以各种方式互相冲撞的运动自然而然地会达到平衡,使一个运动尽可能不干扰另一个运动。这就要求:第一,一个质点要制约另一个质点,直到它们都向同一个方向运动;第二,质点应对由于中心体的吸引而产生的垂直运动加以制约,直到它们都能沿水平方向运动,即平行地围绕太阳作为它们的中心旋转而互不交叉,并通过离心力和降落力的平衡,使自己能够永远保持在一定的飘浮高度自由地做圆周运动。因此,最后只有那些在下落运动中获得一定速度,又在其他质点的排斥下改变了方向的质点,才能在空间范围内飘浮,并持续不断地作自由的圆周运动。在这种状态下,因为所有的质点都向着一个方向,并在平行的轨道上运行,也就是在离心力的作用下围绕中心体作自由的圆周运动,所以避免了质点或者会相互冲撞和聚集起来的可能，从而，使一切都处在彼此影响最小的状态之中。这就是曾经处在相互冲撞的运动中的物质所必然要达到的结果。因此，在分散的质点群中显然有相当大的部分一定会由于排斥作用而正好达到了这种符合规定的状态；但还有更多的质点没有达到，它们会下落到中心体，使其团块增大，因为它们不能自由地保持在飘浮高度而将穿过下面质点的轨道，最后由于受到下面质点的阻力作用而失去了一切运动。引力的中心物体是太阳，它因聚集了大量物质而成为行星系的主要部分，起初它还没有燃烧的火焰，只是在它完全成形以后火焰才在它的表面上突然产生出来的。

还要一提的是，形成自然界的一切质点，如所证明，都围绕太阳为中心向着一个方向运动，这种朝着唯一的一个方向的转动，仿佛是绕着一个共同的轴发生的。在这种绕转运动中，这些微粒不可能总是以这种方式转动，因为根据向心运动的规律，所有运转轨道的平面都必须通过引力的中心；但是在所有这些围绕一个共同的轴向一个方向运转的圆形轨道中，只有一个轨道平面通过太阳的中心，因此在所设想的转轴的两侧，所有物质都要跑到这个恰好在降落中心通过这根轴的轨道平面上来。所有在这个轨道平面四周飘浮的质点就会尽可能在这个平面上积聚起来，而远离这平面的地方就会成为真空；因为那些不能跑到这个轨道平面上来的质点，不能永远处在它们飘浮的地方，它们会在同其周围飘浮的质点碰撞下最后落到太阳上去。

所以当我们对宇宙物质中这些飘浮的基本质点在受到引力和一般阻力定律的力学作用时所处的状态进行考察时，我们就可以看到在相距不远的两个平面之间有一个空间，它的中央就是一个共同的关系平面。这个平面从太阳的中心扩展到无限远处。在这空间中，所有的质点都将按照它们的高度和所在地引力的大小，在自由运转中做适当的圆周运动。因此，基本物质的质点在这种彼此尽量不发生干扰的情况下，假如它们的相互吸引不会因开始发生作用而形成新的物体，即开始产生行星，它们就会永远停留在这种状态之中。因为环绕太阳做平行圆周运动的质点，在它们各自与太阳的距离差别不太大时，由于具有相同的平行运动，几乎处于相对静止的状态，因而那里引力特别大的质点就会产生巨大的作用[①]，把附近的质点聚集起来开始形成物体，并随着其团块增大而不断扩大它的引力作用范围，把广阔范围内的质点都吸引到它那里去。

对于这个系统中的行星的形成，任何一种可能的科学理论都必须满足这样一个前提，即团块的起源同时也是运动的起源，并能表明任何时刻的轨道位置；而且甚至于像一望就能清楚看到与这些规定的符合一致一样，也能看到与这些规定的极其细微的偏差。行星是由飘浮在高空并准确地循着圆周轨道运动的微粒所构成，因此，由微粒聚集而成的那些物体也会朝着同样的方向，以同样的速度继续作同样的运动。这就足以使人们看到，为什么行星的运动大体上是圆形的，它们的轨道又是在同一个平面上的。如果聚集起来形成行星的质点来自极小的范围，因而各质点的运动差别不大，那么，这些轨道就会是极其准确的圆周[②]。但是用宇宙空间中非常分散的细小的基本物质来形成一个密度大的行星团块，就需要有一个较大的空间范围，那里，这些质点距离太阳远近不同的差别，因而也是它们运动速度大小的差别，就再也不能被忽视了。因此，在运动有这样一种差别的情况下，要使行星能保持各个向心力和圆周运动速度相平衡，对于从不同的高度以不同的运动聚集到行星上来的质点来说，就必须使其中一部分恰好能补偿另一部分的不足。虽然实际上这

---

① 行星的开始形成，不应当只从牛顿的引力中去寻找原因。这种引力对于特别微细的质点来说，也许是太缓慢、太微弱了。人们不如说："在这个空间中行星的开始形成，是由一些质点按照一般的结合规律而聚集起来，形成团块，并逐渐变大的，以致牛顿的引力也相应地增长，并随着引力作用范围的不断扩大，团块的体积也在不断增大。"——作者

② 这个准确的圆周运动，实际上只对接近太阳的行星适用，对于最远的行星或彗星在那里形成的极为遥远的地方，不难推测，由于基本物质的下落运动在那里要弱得多，质点所散布的空间也更为广阔，所以那里的质点的运动已偏离圆周轨道，这也就是由这些质点所形成的物体不完全做圆周运动的原因。——作者

是相当准确地发生的①,但是完满的补偿总是达不到的,这就使运动偏离了圆周轨道,出现了运动轨道的偏心率。同样容易理解的是,尽管所有的行星轨道实际上都应当处在一个平面上,但这里仍然可以碰到一点小小的偏差;因为如上所述,基本质点虽然尽可能趋近它们运动的共同关系平面,但在平面的两侧还是圈进了一定的空间范围;因为如果所有行星都能十分准确地在这两侧中间的关系平面上开始形成,那简直就是巧而又巧的偶合了。尽管质点力图尽可能从两侧来限制这种偏离,只给它一个狭窄的范围,但这已经引起了行星轨道相互之间的某些倾斜。因此,人们也用不着奇怪,这里和自然界中的一切事物一样,也是碰不到极其精确的安排的。关系到事物本性的情况极为复杂,不容许有什么恰当的规则性。

---

① 因为质点在靠近太阳一边的地方比聚集在行星上的地方具有大于行星的圆周运动所需要的运转速度,所以这些质点能够补偿距离太阳较远而同样能聚集到行星上来的质点在速度上的不足,以便在行星轨道上做圆周运动。——作者

康德岛上的康德博物馆

第 二 章
关于行星的不同密度和它们的质量关系

　　《宇宙发展史概论》是康德关于自然科学著作中一部最主要的著作。在这里面包含着著名的康德星云假说。康德以旋转的云团雾团中产生天体为出发点，创立了机械的宇宙起源论的一般理论基础，完成了"牛顿所不敢担任的任务"。牛顿根本否认建立机械的宇宙起源论的可能性，认为行星的运动秩序是神亲手安排下的。而康德则强调说出："给我以物质，我就从中构成一个世界，就是说：给我物质，我为你们指出世界应当怎样从中构成的。"这个假说和拉普拉斯星云假说一起，是18世纪末叶和整个19世纪的宇宙起源论的一般理论基础。

我们已经指出,基本物质的微粒因为原来是均匀地分布在宇宙中的,所以当它们向太阳降落时,就在其降落速度恰巧与引力达到平衡的地方开始飘浮,而它们的运动方向也应当像在圆周运动中那样,与圆周的矢径相垂直。但是,如果我们设想在离太阳远近相等的地方有不同密度的质点,那么,密度较大的质点就能突破其他质点的阻力更深入到太阳附近,而不像较轻的质点那样容易从它们的轨道上偏离出去,所以较重质点的运动只有在比较接近太阳的地方才会变成圆周运动。与此相反,较轻质点在它们能深入到这个中心之前,就早已从其直线下落中偏离出去,变为圆周运动,从而在离太阳较远的地方飘浮。它们不可能深深地冲进充满质点的空间而不使其运动为这些质点的阻力所减弱,并且也不可能达到要在中心点附近运转所需要的那样大的速度。因此,在运动达到平衡以后,密度较小的质点就在离太阳较远的地方运转,在离太阳较近的地方则只有密度较大的质点;因而由这些质点组成的行星的密度,离太阳较近的要比离太阳较远的大。

所以这是一种静力学规律,按照它,物质在宇宙空间中的高度应同它的密度成反比。同样容易理解的是,不是每一个高度一定只能容纳密度相等的质点。就特殊的一些质点来说,其中只有从距离较远的地方向太阳降落的那些,当它们的速度在长距离的降落中减慢到能持续作圆周运动所需要的程度时,才在离太阳较远的地方飘浮。然而在物质的一般分布还处于混沌状态时其原始位置就已接近太阳的质点,尽管它们的密度不是比较大,它们却在离太阳比较近的地方运转。由于物质离开降落中心的位置不仅决定于它的密度,而且也决定于它在自然界最初静止状态中所处的原始位置,所以很容易推测到,不论在离太阳多远的地方,总是有种类极不相同的物质会集合在一起,在那

◀ 康德画像

里飘浮;但通常将在离中心近的地方比远的地方更多地碰到密度较大的物质。因此,不管行星是怎样一种极不相同的物质的混合物,一般说来,行星距离太阳越近,其物质的密度就越大,反之,距离太阳越远,密度就越小①。

就这条支配行星之间密度关系的规律来说,我们的理论是人们从行星密度的起因中所能形成或可能形成的所有概念中特别完善的一个。牛顿曾经计算过一些行星的密度,他认为,行星密度随距离而变的原因,在于上帝所做的合理选择和他规定的万物最终目的的理由。因为离太阳较近的行星必须能经受较多的来自太阳的热量,而较远的只要较少的热量就足以应付它的需要,所以如果离太阳较近的行星不是密度较大,较远的不是由较轻的物质组成,就似乎不能适应这种情况。但不需要多少思索,就可以看出这种解释是不充分的。一个行星,例如我们的地球,是由种类极不相同的物质组合而成的;在这些物质中,那些较轻的物质在同样的太阳作用下,将更容易被穿透、被激动,所以它们必然要散布在行星的表面上,至于这些较轻物质的组合如何,这是与太阳光所发的热量有关;但是从这里根本看不出在整个团块内其余物质的混合情况也必须具有这种关系,因为太阳对于行星内部完全不起作用。牛顿深恐地球如果落到水星附近的太阳光中时,也许会像彗星一样燃烧起来,他并且深恐地球的物质可能没有足够的耐火能力,以防止不被这样的热量所驱散。但是太阳自己固有的物质却要比组成地球的物质轻 4 倍,这岂不是说它要更加厉害地被这种炎热破坏?或者可以这样说,为什么月球的密度相当于地球的 2 倍,而它与地球却在离太阳同样远近的地方飘浮呢?所以人们不能把密度的比例关系归之于它与太阳热的关系,而不使自己陷入极端矛盾之中。人们所看到的倒是,行星位置按照行星的密度而分布的原因,必定和

① 据现代天文学观察,太阳和各行星的密度是:太阳 1.41、水星 6.1、金星 5.06、地球 5.52、火星 4.12、木星 1.35、土星 0.71、天王星 1.56、海王星 2.29。——译者

它们的内部物质有关，而与它们的表面无关。尽管这个原因产生了这个结果，但仍然允许在同一天体中有各种不同的物质，而只是在它们总的组合中才规定了有这种密度关系存在。至于是否有另一条不同于我们科学体系所叙述的静力学规律能够满足所有这些，我还是让读者自己的理解力来做出判断吧。

行星之间的这种密度关系还带来了另一种情况。由于这情况与前面所提出的解释完全一致，就证实了我们这个科学理论的正确性。一般说来，有其他天体绕它运行的中心天体，比起最靠近它绕它运行的天体来要轻。地球对于月球，太阳对于地球都表明了它们密度的这种关系。根据我们前面已讲过的设想，必然要得出这种情况。因为下面的行星主要是由精选出来的一类基本物质所构成，这类物质由于它们密度的特点能以必要的速度深入到中心点附近。与此相反，处于中心本身的天体，则不加区别地是由所有本来在那里并且是没有获得规律性运动的各种物质积聚起来的。因为其中大部分是较轻的物质，所以显而易见，由于靠近中心点运行的那个或那些天体含有各种比较稠密的物质，而中心体中则不加区别地把各种物质混合在一起，因此前者的物质将比后者更为稠密。事实上也是如此。月球比地球稠密 2 倍①，而地球则比太阳稠密 4 倍，根据各种推测，更在下面的金星和水星，其密度将比太阳更大得多。

现在我们要把我们的目标转移到天体的质量与距离之间的关系上来，以便用牛顿的正确计算来检验我们理论的结果。不需要说很多话就能明白，中心体为什么任何时候总是它那个星系的主体，因而太阳的质量必定比所有行星加在一起还要大；这同样也适用于木星对它的卫星，以及土星对它的卫星的质量关系上。中心体是由它整个引力范围内所有这样的质点积聚而成的，这种质点不能获得最正确规定的圆周运动，也不能接近共同关系平面，它们在数量上无疑要比其他质点多得多。试把这种

---

① 据现代天文学计算，月球密度为 3.33，地球为 5.52（单位：克/厘米³）。——译者

考虑应用于太阳。如果要估计作为行星基本物质的、绕圆周运转的质点，它们与共同平面偏离最大的空间宽度，我们可以假定，这个空间宽度大约要比行星轨道相互之间的最大偏离宽度稍大一些。因为现在从共同平面向两侧偏离的行星轨道相互之间最大的偏离几乎不到 7.5°，所以人们可以认为构成行星的所有物质是散布在这样一个空间之内，这个空间是夹在两个从太阳中心出发相互成 7.5° 角的平面之间的。但是在球面上沿着最大圆绕一圈的、宽为 7.5° 的一条带，约相当于球面 1/17 稍多一点，所以在以上述角度切割球体体积的两个平面之间所包含的立体空间，相当于整个球体体积的 1/17 稍多一点。因此根据这个假说，构成行星的所有物质，将大约等于太阳为它自己的形成从它直到最外一颗行星所在地方这一范围内两边收集起来的物质的 1/17。但是这中心体的团块大大超过所有行星的总质量，它对行星的总质量不是 17：1，而是如牛顿所测定的 650：1。不过这也是容易理解的。因为，在土星外面，行星或者已停止形成，或者已很稀少，那里只是形成了少数几个彗星，而且那里基本物质的运动不像在中心点附近范围内那样能够与向心力相平衡，所以几乎只能一般地向中心点降落，使太阳从如此遥远广阔的空间中得到各种物质而增加其体积，所以我说，太阳很可能是由于这些原因才获得这样巨大的质量的。

但对行星的质量进行比较时，我们应首先注意到，根据前已说明的行星形成方式，组成行星的物质的数量主要取决于离太阳的距离，这是：（1）因为太阳用它的引力限制了行星的吸引范围，但在一切相同的情况下，对远的行星，范围限制得不及对近的行星那么厉害；（2）因为组成一个较远的行星的质点，来自一个半径较大的圆圈，所以它比小的圆圈包含的基本物质要多；（3）正是由于这后一原因，限定最大偏离的两个平面在角度不变的情况下，它们之间的宽度在高的地方要比低的地方大。然而较远的行星对于较近的行星所具有的这一优点，固然因离太阳较近的质点比起较远的质点密度要大，而且按一切情况看来也不那么分散而要受到一定的限制；但是人们不难估计，前面那些为形成大的团块所必需的优点，将远远超过后面那种限制，因而通常在离太阳较远地方形成的行星，比起较近的必将获得较大的质量①。这仅仅是当人们设想只有在太阳存在时一个行星形成的情况。但是如果设想有好几个行星同时在各种不同的距离上形成，那么，一个行星的吸引范围就可以限制另一个，而这种限制就会使上述规律出现例外。因为一个行星如果是在另一个质量特别大的行星附近，它的形成范围将要受到很大的损失，因而它将远比只是按它与太阳的距离关系单独所要求的为小。所以，虽然一般说来，行星离太阳越远，它们的质量就越大，犹如我们行星系的两颗主要的星：土星与木星，就是因为它们离太阳最远，所以质量也最大。然而还是存在着与这种类比相偏离的情况，但是在这些有偏离的情况中，仍然任何时候都显现出我们关于天体一般形成所论及的特征。比如说：一个特别大的行星夺去了它两侧最邻近的星体一部分物质，把它们在形成时按其与太阳的距离所应有的这部分物质据为己有。果然如此，火星按其位置来说应该大于地球，但由于受到其近旁如此巨大的木星的引力作用，它的质量便有了损失；而土星自己，虽然由于它的位置高而比火星来得条件优越，但仍然不能完全摆脱木星对它的吸引，使其质量遭到相当大的损失。同时我还觉得：水星质量之所以特别小，不仅是由于与它靠近的强大的太阳的吸引作用，而且也是由于它与金星为邻；如果我们把所猜测的金星的密度和金星的大小相对照，那么，金星必定是一个质量非常巨大的行星。

由于在世界结构和天体的起源方面，一切都符合于人们所能期望的那样美好，这就充分证实了力学科学体系的正确性。现在我们要在对行星形成前其基本物质所散布的空间作一下估

---

① 根据现代天文学，以地球总质量为1，太阳和各行星的相对质量为：太阳331950、水星0.05、金星0.81、火星0.11、木星318.4、土星95.3、天王星14.5、海王星17.2。——译者

计，考察当时分布在这空间中的物质的稀薄程度，以及这些飘浮着的质点能以何等的自由或受到何等小的阻力在其中作规律性运动。组成行星的所有物质，如果它们所在的空间曾经是以土星为界限的空间区域中的这样一部分，这部分就是包含在从太阳中心出发并以 7°多宽的角分开的两个平面之间的那部分，因而它是以土星的高度为半径所能画的整个圆球的 1/17，并且为了计算分布在这个空间中的行星物质的稀薄程度起见，我们可将土星的高度算作相当于地球直径的 10 万倍；那么，土星轨道所围绕的整个空间范围将超过地球的体积 1000 万亿倍。又如果我们不用 1/17 而用 1/20 来计算，则这体积中基本物质所曾飘浮过的空间仍然要超过地球体积 50 万亿倍。如果我们现在根据牛顿把所有行星及其卫星的质量当作太阳的 1/650 来计算，那么，只有太阳的 1/169282 的地球与所有行星物质的总质量之比，等于 1：276.5；所以如果我们把所有这些物质的密度当作与地球相同，那么，将由此产生一个其体积相当于地球 277.5 倍的天体。因此，如果我们假定整个地球的密度不比人们在地壳最上层所遇见的固体物质大很多，正如地球形状的特性所不得不如此要求的那样，这种上层物质的密度大约相当于水的 4 或 5 倍，而水可认为比空气重 1000 倍；那么，如果所有行星物质要膨胀到像空气那样稀薄，它们将会占据大约比地球大 140 万倍的空间。这空间和一切行星物质根据我们假定所曾分布过的空间相比，要小 3000 万倍；所以行星物质在这个空间中的分散程度也要比我们大气中的微粒稀薄好多倍。事实上，这样大的分散情况尽管似乎是不可想象的，但却既不是不需要的，也不是不自然的。这种分散情况必须尽可能地大，才能使处于飘浮中的质点几乎像在真空中一样具有一切运动的自由，并使它们相互之间的阻力无限减小。但这些质点是能够自行达到这样稀薄的状态的。人们对此不应有所怀疑，因为他们多少知道，当物质转化为气体时，它就会扩散；或者，如果还是谈天空的话，当人们考虑到彗星尾部中物质的稀薄情况时，虽然尾部的截面无比地厚,竟要超过地球直径百倍,但是它仍然是如此透明,以致人们可以透过它看到小的星星;这是我们的空气在比它小几千倍的高度地方被太阳照射时所不可能有的情况。

我在结束本章的时候再附带来谈一个推论,这个推论能把目前天体实际上不过是由力学形成的学说,从一个可能的假设上升为正确的理论。如果太阳是由与形成行星的基本物质相同的物质集合而成,而且如果太阳与行星之间的区别只在于前者是不加区别地由各种各样的物质积聚而成,而后者则是在不同距离上按照它们物质种类的密度状况通过它们自己的吸引力形成的;那么,当人们把所有行星的物质结合起来考察时,必将得出这一混合体的密度和太阳的密度几乎相等的结论。我们理论的这一必要结论,幸运地在德·布丰先生所做的比较中得到了证实;这位很有名的哲学家对整个行星物质的密度同太阳作了比较,他发现这二者的密度非常相近,犹如 640 与 650 非常相近一样。如果从一个理论体系中所得出的不是矫揉造作的而是必然的结论,能够可喜地为自然界的实际情况所证实;那么,难道人们还会相信这种理论与观察之间的一致仅仅是一种偶然的巧合的结果吗?

康德画像

第 三 章
关于行星轨道的偏心率和彗星的起源

　　牛顿反对笛卡儿天体学说的论战对于康德的宇宙起源论的创立过程来说，则起了一定的积极作用。康德的星云假说实际上是牛顿力学与笛卡儿的发展观点的调和。康德在他的宇宙起源论中一方面将牛顿力学作为理论基础，但抛弃了牛顿的形而上学观点，另一方面继续了笛卡儿的发展观点，但抛弃了他的涡旋运动理论。康德不仅提出自然发展观点与牛顿力学之间并无任何矛盾的说法，而且还按照古典力学的原理来证明它们之间并无矛盾，并且以这种表面似乎矛盾，过去被认为矛盾的观点与理论为基础，建立了星云假说和天体理论。

我们不能把彗星①看作与行星完全不同的一种特殊天体。自然界在这里和在别处一样，通过各个差别不显著的变化阶段，犹如通过一根链条的许多中间环节，把较远的一些特性和较近的一些特性连接了起来。行星的偏心率是自然界在力图使行星作圆周运动时，由于中间出现了许多情况而不能完全达到圆形的结果。但在较远的地方偏离圆形比近的地方更多。

这种规定好像把行星一直到彗星用一架固定的梯子联系了起来，这架梯子以一切可能的偏心率为其梯级。虽然这种联系似乎在土星那里中断了，使彗星与行星这两个类完全分了开来；但是我们在本书第一部分中已经指出，可以猜想在土星以外还有别的行星，这些行星的轨道与圆周偏离较大，因而与彗星的轨道较为接近，只是由于观察的缺陷或困难，这种关系才不能为我们的肉眼所看到，虽然它早已为我们的智力所推论出来了。

在这第二部分的第一章中，当我们假定组成行星的、原先在其周围飘浮的基本物质，在它所有位置上恰巧具有作圆周运动所需要的各种力时，我们已经提到过能使天体轨道与圆周偏离的一个原因。因为行星是从彼此相距很远的不同高度把基本物质聚集起来的，而这些物质在不同高度上的圆周运动速度又很不相同，所以它们各以不同程度的固有运动集合在行星之中。但是，这种运动的速度与行星所在位置所应有的速度并不相同，具有一定偏差，而且由于这些质点的不同速度不能使一个偏差完全与另一个偏差相抵消，这就给行星带来了偏心率。

如果此外没有其他原因而只是由于这缘故产生了偏心率，那么从任何方面看，偏心率将是按比例发生的；因为在基本物质

◀ 土星环

---

① 彗星即"扫帚星"，分彗核、彗发和彗尾三部分。现代天文学认为，彗核由比较密集的固体质点组成，周围云雾状光辉叫彗发，彗尾由极稀薄的气体组成，形状如扫帚，是彗星接近太阳时形成的，背向太阳延伸出去。彗星的体积很大，质量、密度却很小。质量一般不到地球十亿分之一，密度只有大气密度的几千亿分之一。彗星的运行轨道常常是偏心率很大的很扁的椭圆形。——译者

的质点以前确实曾经有过准确的圆周运动这一假定下，比如说，对于小而离太阳远的行星偏心率就应该比离太阳近而大的行星小。但是这些设想与观察并不相符，因为前面已经指出，偏心率是随着与太阳的距离增加而增加的。至于质量小，如我们在火星那里看到的那样，那似乎倒是使偏心率增加的一种例外情况。所以我们不得不对基本物质的质点所做的那种假设，就是说它们具有准确的圆周运动，做如下的修改：它们在靠近太阳的区域内虽然很接近于做正确的圆周运动，但是那些曾经在离太阳越远的地方飘浮过的基本物质质点，偏离正确的圆周运动越大。对于基本物质能自由做正确的圆周运动这条基本定理作这样一种修改，更加符合实际情况。因为尽管空间的稀薄似乎使它们有把自己限制在各个向心力完全相平衡的地方的自由，然而阻碍自然界达到这种状况的种种原因也并不是无关紧要的。原来分散的原始物质离太阳越远，迫使它们下落的力就越弱；它们在下落运动中受到下层部分的阻力作用。这种使它们向旁偏转而把运动方向变为与圆周矢径相垂直的阻力作用，当这些物质越往下落时就越是减弱，结果它们或者掉到太阳中去，或者在其附近运转。这些高层物质特别轻，所以又不允许它们在下落运动中——这是一切的依据——有必要的力量足以使阻止它们运动的质点让路；而且这些老远的质点或许还在相互制约，以致经过一段相当长的时间终于会使运动方面一致起来。这样，它们之中有的已经形成了许多小小的团块，作为形成如此众多天体的开始。这些天体由于集聚了运动较弱的质点而只能作偏心运动。它们以这种运动向着太阳下落，并在下落途中因越来越多地并进了运动较快的质点而从垂直降落中偏离了出去。如果在彗星形成的那个空间里，质点已经由于下落到太阳上去或者已经集合成特殊的团块而被打扫一空的话，那么最后剩下来的只是一些彗星。这就是行星和那些称为彗星的偏心率所以要随着与太阳的距离增加而增加的原因。我们之所以称这些天体为彗星，就是因为它们在这种性质上大大超过了行星这一缘故。但是确有两个例外破坏了这条偏心率应随与太阳的距离而增加的规律,这就是我们在太阳系中最小的两颗行星火星和水星上所观察到的情况。但是大概因为火星靠近巨大的木星的缘故,所以木星就以其自身的引力夺去了它那一边形成火星的质点,而只留给火星向太阳的一边扩展的余地,从而引起了向心力和偏心率的增加。至于最底下的、也是最偏心的行星水星,我们很容易看到,因为太阳在其绕轴转动中远远比不上水星的速度,所以太阳给予其周围空间中物质的阻力,不但夺去了其邻近质点的向心运动,而且也很容易把这种阻力传布到水星那里,从而使它的运转速度大为减小。

偏心率是区别彗星的主要标志。彗星的大气和尾部,在靠近太阳时由于受热而扩展,虽然这种现象在愚昧时代常用来向无知者宣扬幻想的命运,说这是一种不祥之兆,但其实不过是偏心率的结果。天文学家往往更多地注意彗星的运动规律,而对其奇特的形状则不感兴趣。但他们指出了彗星区别于行星的第二个特点,这个特点是,彗星不像行星那样只能在黄道带上而能在天空各处自由运行。这个特点具有与偏心率相同的原因。如果行星基本物质只是因为在太阳附近才作圆周运动,而且这种运动在每绕一圈中力图穿过关系平面,并不让已形成的星体从这个平面上偏离出去,而这个平面又是一切物质都从其两边向之涌去的平面——总之,如果行星只是因为这些原因它们的轨道才局限在黄道带这个狭窄的区域之内;那么,离中心点很远的空间中的基本物质,在微弱的引力作用下就不能自由地作圆周运动,而一定正是由于与引起偏心率的原因同样的原因不能在这种高度聚集到一切行星运动所在的关系平面上去,使那里形成的星体主要维持在这条轨道上面。恰恰相反,这种原来分散的基本物质,因为不像在下面的行星那里,只局限于一个特殊的地方,所以既可以从关系平面的这一边,又可以一样容易地从它的那一边,既可以从远离关系平面的地方,又可以同样经常地从离它近的地方来使天体形成起来。因此,彗星可以不受限制地从各个方向朝着太阳飞来;然而那些其最初形成地点在行星轨道之外不远的彗星,将不会偏离它们的轨道范围很远,而且还具有较小的偏心率。随着与太阳系中心距离的增加,彗星在这些偏离方面所表现出来的这种无规则的自由散漫性,在程度上将会增加,并在天空深处完全失去了返回的能力,任凭最外面形成的天体自由地落到太阳上去,而为我们的规则性结构规定了一个最后的界限。

我在设想彗星的运动时,曾经假定绝大部分彗星的运动方向是与行星相同的。对于距离近的彗星,在我看来,这点毋庸怀疑。而且这种方向的一致性只能在天空深处才会消失。在那里,基本物质在极度疲沓的运动中向太阳下落时所引起的转动是朝着各个不同的方向的;因为要在下层通过共同的运动来使运动方向一致起来所需要的时间,由于距离遥远,比在下层区域里形成天体所需要的时间要长得多。因此,也许有一些彗星,它们是朝着相反的方向,即由东向西的方向绕行的;但是有种种理由(要把这些理由列举出来我尚有顾虑)几乎使我相信,我们所看到的具有这种特征的 19 颗彗星当中,有几颗这种特征或许是由视觉的假象所引起的。

我还得简单谈一谈彗星的质量及其物质的密度。照理来说,根据上一章所提出的理由,在上层区域①中所形成的这些天体应该总是按照距离的增加而质量也增加的。而且也可以相信,有些彗星比土星和木星大;但是却不能相信,质量总会这样不断地增加。基本物质的分散,它们微粒的特别轻,使天空最偏远地区的天体形成得慢;基本物质在整个这样遥远的无限空间中的任意分布,又没有要它向某一平面堆积的规定,就不可能使它只形成一个巨大的天体,而形成了许多较小的天体;而质点之间向心力的不足,使它们绝大部分都向太阳落去而不能聚集成团块。

形成彗星的物质的密度,比起彗星质量的大小来,更是值得注意。因为彗星是在天空最高一层区域中形成的,所以组成彗星的微粒,猜想起来,应该是最轻的一类。毋庸怀疑,这是使有别于其他天体的彗星所以具有气球形状和一个尾部的主要原

①　指离太阳较远的区域。——译者

因。我们不能把彗星物质分散成雾气这种情况主要归之于太阳的热的作用；有几颗彗星的近日点还不及地球轨道那样接近太阳；多数彗星则到了地球和金星的轨道之间就转了回去。如果这样温和的热度竟能使这种物体的表面物质分解而蒸发起来，那么，它们必定是由最轻的物质所组成，而这种物质比整个自然界中任何其他物质更容易为热所蒸发。

我们也不能把这种从彗星上常常升起的雾气，归之于彗星大概在以前到达近日点时它体内所保留下来的热量；因为，固然可以猜想，彗星在形成时曾经作过一些偏心率较大的绕日运动，而这种偏心率只是后来才逐渐地变小的。而且我们还可以对其他行星作同样的猜测，虽然它们没有表现出这种现象；但是这些行星，如果在它们体内含有像彗星一样多的最轻物质，那么，从它们身上也应当表现出这种现象来。

至于地球，它却有某种东西可以用来同彗星雾气的扩展和它的尾部作比较的①。当太阳在地球的一个半球那边作半个圆周的运动时，在它作用下从地球表面上被吸引起来的最微细的质点，就将聚集在地球的两级中和这个半球相背的那一个极的周围。在地球灼热地带上升的最微细最活跃的质点，在大气中达到一定高度以后，就在太阳光作用下被迫向那些现在已经背离太阳而沉没在漫长的黑夜之中的地方退却，在那里积聚起来，并且给冰带地区居民带来了所缺少的阳光，把阳光的热从遥远的地方传递给我们。如果地球上也像彗星一样富有最微细而容易挥发的质点，那么，能引起北极光的那种阳光的力也一定会产生一个带有尾部的雾气圈。

---

① 这种东西就是北极光。——作者[极光是由于太阳发射出的电子流冲击大气上层的稀薄气体层，产生了各种形状的彩色光。在地球磁场作用下，这种现象出现在两极附近。在南极的叫南极光，在北极的叫北极光。——译者]

IMMANUEL KANT
1724-1804

康德墓

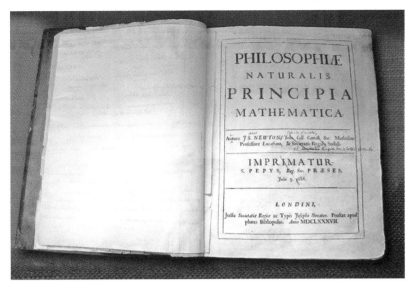

▲《自然哲学之数学原理》1687年首版扉页

　　牛顿在该书中用万有引力定律解释了宇宙现成的运行体系,但是牛顿认为宇宙并不会从一开始就如此地完美。对于它是如何演变而来,牛顿无法回答。

　　这是克努岑借给康德的第一本重要的书,康德在阅读完这本书后,信心大发,决定探讨解决牛顿所遗留的问题:宇宙现在的运行体系是如何形成的? 即太阳系和宇宙起源问题,从而有了《宇宙发展史概论》一书。

◀牛顿1672年为英国皇家学会制作的反射望远镜的复制品

　　克努岑在自家安置了一台这样的望远镜,以便他和学生们进行天文观测。康德经常得到这样的观测机会。克努岑对1744年歇索彗星歪打正着的预测使他一时声名鹊起,也大大激发了康德对天文学的兴趣。

▲1744年出现的歇索彗星,又称大彗星,有六条慧尾,但它并不是克努岑预言中的那颗。它的出现与克努岑的预言是一种巧合。

▲彗星是太阳系中冰冷的小天体,当它足够接近太阳的时候就会显示出可见的彗发(稀薄、模糊、暂时的大气层)和彗尾。这种现象是由于太阳辐射压和太阳风对彗核的共同作用。彗星的形状千差万别,图为1981年旅行者2号拍摄的海尔−波普彗星。

▲塞缪尔·克拉克（Samuel Clarke，1675—1729）

英国神学家、思想家，与牛顿友谊深厚，曾将牛顿《光学》译成拉丁文出版。在牛顿派物理学与笛卡尔派物理学的争论中，积极维护牛顿派。1715—1716年，他曾代表牛顿派迎接莱布尼茨的挑战，与之通信。

▲《莱布尼茨与克拉克论战书信集》

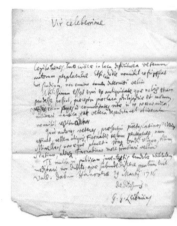

▲莱布尼茨1716年手迹一份

这是克努岑借给康德的第二本重要著作。该书对康德深入思考宇宙起源问题大有帮助，不仅如此，莱布尼茨的理性主义和牛顿的实验主义论战涉及的宗教、哲学、科学等多方面问题引发了康德的思考，康德后来对许多问题的思考都来自这本书中。而他的处女作《关于活的力的正确测算的思考》正是对《论战集》中关于力的测量之争的思考与评判的结果。图为英国曼彻斯特大学出版社1988年版《论战书信集》封面。

▲亚历山大·蒲柏（Alexander Pope，1688—1744）

18世纪英国最伟大的诗人，也是康德最喜欢的诗人之一。其诗作包含了对宇宙和生命的思考。康德在《宇宙发展史概论》中多次引用他的诗作，表达自己思考宇宙起源时的感受。

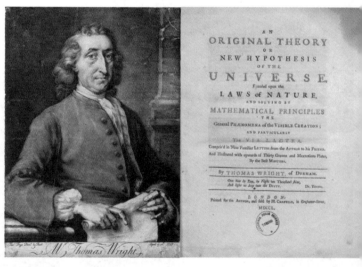

▲英国天文学家汤姆斯·莱特（Thomas Wright，1711—1786）及其《宇宙起源理论或新假说》（1750）

莱特书中解释银河的外观是由于邻近的恒星聚集与沉浸在平坦的一层所引发的光学现象，这个想法后来在康德的《宇宙发展史概论》中再度被阐述。莱特的另一个想法，即许多微弱的星云实际上是遥远得令人难以置信的星系，也对康德造成了影响。

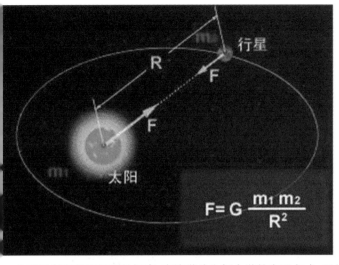

$$F = G\frac{m_1 m_2}{R^2}$$

▲对于宇宙起源问题的探索，应该遵从牛顿力学的客观方式，还是遵从教会把一切都诉诸上帝之手的方式，康德毫不犹豫地选择前者而排斥后者。作为牛顿的拥护者，他相信自然科学无需上帝的启示就能获得自己的认识。因此，《宇宙发展史概论》副标题为"根据牛顿定理试论整个宇宙的结构及其力学起源"。

"只要给我物质，我就能用它们创造一个世界！"这是康德在法国科学家莫佩尔蒂1751年出版的《宇宙学浅说》中发现的。它原是笛卡尔派的观点，莫佩尔蒂认为这是一种狂妄的言论，并对其做出批判。康德则试图避开笛卡尔派，用这句话来解释自己的星云假说。

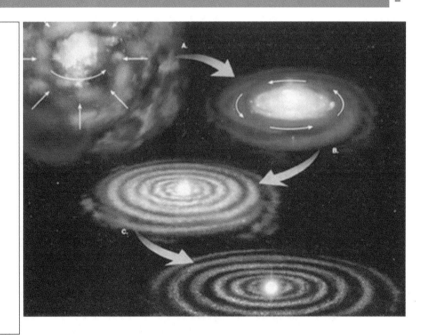

▲《宇宙发展史概论》1755年首版扉页（此书全名：《宇宙发展史概论或根据牛顿定理试论整个宇宙的结构及其力学起源》）。书名受到法国博物学家布封《博物志》第一卷《博物志概论》启发。

就在康德隐居乡下教书的期间，他完成了这部书的写作，1754年他回到哥尼斯堡大学，并将书稿带回准备出版。

▲康德在书中提出了关于太阳系和宇宙起源的星云假说，认为宇宙最初是由大致均匀分布的一团团混沌弥散的星云状物质组成，在引力和斥力的作用下逐渐凝聚而形成各种星体，进而形成一个秩序井然的体系。这样康德从力学的角度，阐述了宇宙由混沌向秩序形成，又由秩序向混沌毁灭的演化思想。

▲康德的引力直接来自牛顿的万有引力,而斥力则是他创造性地将当时已知的排斥力推广到整个宇宙和万物之中的结果,是一种天才的思辨,而不是科学的证明。康德书中对引力与斥力、有生就有灭的阐述体现了他的辩证思维。这是他对思想界的贡献之一,他正是凭借这种辩证思维才在当时占统治地位的形而上学自然观上取得了突破。

▲康德认为,宇宙是无限的,而且宇宙的各个部分是渐变发展的。具体到太阳系中,从行星到彗星,星体的各种性质如轨道偏心率都是逐渐发展变化的。彗星的轨道偏心率最明显,康德预感到,在太阳系中,彗星与当时已知的行星之间,还有其他更类似于彗星的行星存在。当时人们已知六大行星,后来天王星、海王星的发现验证了康德的猜测。图中太阳系共八大行星,冥王星已被移出行星家族,但它的轨道偏心率确实比靠近太阳的其他行星更大,更接近彗星。

▲人类不愿孤独地生活在这个世界,对外星生命的猜想与探索是永恒的。康德在书中也发挥了这样的想象,他运用类比思想和渐变思想,将人的模样运用于外星人,提出了外星生命的形态。他认为外星生命与人类相似,但是随着与人类距离的远近而变化,从而适应各自的环境。这是当时科学发展水平下的猜测,与康德有类似想法的思想家、科学家还有很多。

▲普鲁士国王腓特烈二世(Friedrich II ,1712—1786)在无忧宫举办长笛音乐会

1755年,该书匿名出版,康德期望自己能像老师克努岑那样,一举成名,结果却影响甚微。他将书题献给国王腓特烈二世,出版后还寄了一本给他。这位国王是位天文爱好者,与当时最优秀的宇宙学专家联系密切。但是国王并未收到他的著作。而且,康德所联系的出版商彼得森于当年破产,书库被查封。1756年,当少量剩书上市时,几乎没有引起人们的注意。在18世纪的文献中,很少提到这部著作。

《宇宙发展史概论》之所以没有引起重视，除了发行的原因外，更重要的原因是它违背了自伽利略以来就已经形成的科学研究新风气。伽利略认为，自然的语言是数学，观察和研究自然要通过科学的实验。从伽利略以后，新的实验科学获得了地位，数学语言取代哲学思辨语言用于表达自然规律，成为时尚。

牛顿则认为，凡是不来源于现象的都是假说，而假说在实验哲学中没有地位。

尽管康德是以牛顿力学为基础的，但他仍然是以哲学思辨来试图解决太阳系和宇宙起源问题，因此他不受学界重视可想而知。

▲ 伽利略（Galileo Galilei，1564—1642）
头像和亲笔签名

▲牛顿纪念邮票和亲笔签名

与康德有类似看法的科学家、思想家还有很多，包括斯威登堡、兰贝特、赫歇尔、拉普拉斯，但是他们对康德的工作一无所知。

◀瑞典科学家、神秘主义者、哲学家和神学家斯威登堡（Emanuel Swedenborg，1688—1772）

他在1734年出版的《自然界的原则》中设计了与康德的混沌理论极为相似的宇宙形成模型，而其对外星生命的想象也名噪一时。我们无法确定康德撰写《宇宙发展史概论》时是否受到了斯威登堡的影响，但是康德后来对外星生命、灵魂等的思考确实有斯威登堡的影响。

▶德国数学家、哲学家约翰·兰贝特（ Johann Heinrich Lambert ，1728—1777）

他与康德常有哲学书信往还，对于康德是很重要的灵感来源。但是双方对彼此在宇宙起源假说上的想法似乎毫无知晓。

▲威廉·赫歇尔（ Friedrich Wilhelm Herschel ，1738—1822）

英国天文学家、音乐家、天王星的发现者，被誉为"恒星天文学之父"。

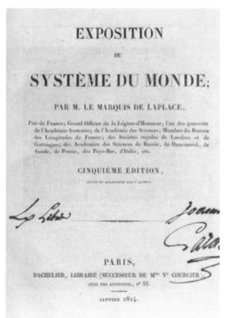

▲皮埃尔-西蒙·拉普拉斯（ Pierre-Simon Laplace ，1749—1827）

法国数学家、天文学家、拉普拉斯变换的发明者。

◀拉普拉斯《宇宙体系论》第6版校样，上有拉普拉斯签名。

1796年该书首版，提出了有力学和物理学依据的关于太阳系起源的星云假说。与康德不同的是，拉普拉斯利用数学和观测数据对宇宙起源进行了科学的论证。但是，其对外星生命的想象也与康德处于类似水平。《宇宙体系论》的出版使星云假说广为人知，也使康德《宇宙发展史概论》开始受到重视，从此星云假说被称为"康德-拉普拉斯星云假说"。

▲左为德国科学家卡尔·冯·魏扎克（Carl Friedrich von Weizsäcker，1912—2007），中为英国科学家弗雷德·霍伊尔（Fred Hoyle，1912—2001），右为瑞典科学家阿尔文（Hannes Olof Gösta Alfvén，1908—1995），他们是现代星云说的代表。

▲戴文赛（1911—1979）教授及其作品《天体的演化》。戴文赛是中国现代星云说的代表。

▲恩格斯（Friedrich Von Engels，1820—1895）高度赞扬《宇宙发展史概论》，他认为康德勇敢地向当时占统治地位的形而上学自然观进行挑战，"在这个僵化的自然观上打开了第一个缺口"，"是从哥白尼以来天文学取得的最大进步"。

▲罗素（Bertrand Russell，1872—1970）总结《宇宙发展史概论》的成就，指出它"为创立太阳、行星和恒星的起源的科学理论做了第一次认真的尝试"，"是一部非凡的著作，它在某些方面预见到了现代天文学的成果"。

第 四 章
关于卫星的起源和行星的绕轴运动

　　对于康德创立他的星云假说提供更重要的历史条件的，是从哥白尼以来关于天文学事实材料的新发现，以及天文学观察技术的进步和望远镜光倍的改良。例如1572年，天文学家第谷·布拉赫已经见到出现在仙后星座的新星。18世纪之初，在天文学中已经通过老的星图与新的星图的比较，断定有些恒星的位置有所改变。18世纪中叶，天文学家通过望远镜发现以前仅能看出是一种微小而暗淡的小块，现在已经成为庞大的星体的集合。诸如此类的天文学事实材料，都强有力地支持了康德将自然发展的概念贯彻在他的宇宙起源论中。

　　行星由基本物质形成,这种形成过程同时也是它绕轴转动的原因,而且还产生了环绕它运行的卫星。太阳同它的行星在太阳系大范围内所表现出来的情况,在具有一定广阔的引力范围的行星这个小范围内也表现出来了。

　　在一个系统的主体(作为这个系统的中心体)的吸引下,系统的各个部分都运动了起来。正在形成中的行星,当它在整个范围内推动基本物质的质点以形成自己时,将从所有这些质点的下落运动中,借助于它们的相互作用,使它们产生轨道运动,而且最后达到一个共同的运动方向,其中有一部分质点被限制在做自由的圆周运动,并在这种限制下使它们处于一个共同平面的附近。在这空间中,如同行星在太阳的周围形成那样,卫星也在有关的行星的周围形成,只要这些天体的吸引范围能为卫星的产生提供有利条件。至于其他有关太阳系起源所说过的东西,也完全适用于木星系和土星系。卫星都朝着一个方向运转[①],而且它们的运转轨道几乎都处在同一个平面上。所有这些,都出自与大范围里引起这种类比的原因同样的原因。但是,为什么这些卫星都一同朝着行星运行的方向转,而不朝着任何别的方向转呢? 事实上,它们的运转不是由行星的轨道运动所引起;它们的有关的行星对它们的吸引是使它们运转的原因,而就这点来说,任何运转方向都应该一样;物质在下落运动中进入轨道时,在所有可能的方向中究竟朝着哪一个方向,似乎纯粹出于偶然。实际上,有关的行星的圆周运动,对于推动它周围组成卫星的物质绕它旋转,并没有什么关系;行星周围的所有质点都在和它一道以相同的速度环绕太阳运行,因此,它们和行星处于相对静止的状态之中。一切只是行星的吸引在起作用。然而由

◀ 康德塑像

---

　　① 　现代天文学发现,天王星自转和它的五颗卫星的公转是由东向西运行的。木星有四颗卫星,土星和海王星各有一颗卫星,也是由东向西运行的。这同太阳系其他大部分行星和卫星的运行方向相反。——译者

吸引所引起的这种轨道运动,因为实际上任何一个方向它都能适从,所以只要小小的一点外部制约,就可以使它朝着这一边而不朝着那一边转动。而这种微小程度的制约,来自一些基本质点的超前运动,这些质点与其他质点一道但以较快的速度环绕太阳运行,而且进入了行星的吸引范围之内。因为这种吸引从很远的地方就迫使靠近太阳的、以较快速度运转的微粒离开了它们原来的轨道方向,使之沿着长椭圆的轨道运行并升到行星之上。这些微粒因为具有比行星本身更大的速度,所以当它们被行星吸引而下落时,就给它们的直线下落以及其他质点的下落运动一个自西向东的偏转。只要这小小的一点制约,就使得由吸引所引起的下落运动变为朝这个方向而不朝别个方向的轨道运动。由于这个原因,一切卫星在其运转方向上就与有关的行星的绕轴方向相同。而且卫星的轨道平面也不能与行星的轨道平面偏离很远;因为组成卫星的物质,正由于我们关于一般运转方向所已经讲过的那个原因,也将被引到这个最精确规定的平面上来,亦即与有关的行星的轨道平面相吻合。

从所有这些,我们可以清楚地看出,在什么情况下一颗行星可以获得卫星。这就是:行星的吸引力要大,它的作用范围才能伸展得远,从而不但使得从高空向行星下落的微粒,除去阻力对它们的影响,仍能为其自由旋转运动获得足够的速度,而且此外在这区域内也要有充分的物质可以形成卫星。而这一切在引力小的情况下是办不到的。因此,只有质量巨大和距离遥远的行星才有卫星。木星和土星这两颗最大和最远的行星,拥有卫星最多。地球比它们少得多,它只有一颗卫星。火星以其距离来说,本当拥有卫星,但由于它质量小,连一个卫星也没有[①]。

我们满意地看到,行星的吸引力为其卫星的形成收集了物质,同时又规定了它们的运动,但这种吸引力也伸展到行星自

[①] 根据现代天文学,火星也有两颗卫星。此外,木星有十二颗,土星有九颗(最近据说又发现第十颗),天王星有五颗,海王星有两颗卫星。——译者

身，而且正是通过和它自己的形成同样的做法，使它自己按照自西向东的一般方向绕轴旋转起来。如前所述，处于下落运动中的基本物质质点是得到一种自西向东的一般转动的，这些质点因为没有足够的运动使自己得以维持在自由飘浮的圆周运动中，所以绝大部分落到了行星的表面，并与行星的团块合并了起来。由于这些质点现在与行星结合在一起，所以作为行星的一部分，它们也要与结合以前一样，继续朝着原有的方向旋转。而且因为从上述情况一般可以看出，缺乏必要的运动而下落到中心体①上去的这部分微粒，必定远远超过能够获得应有速度的那部分微粒，所以也就容易理解，为什么这中心体在绕轴转动中其速度虽然远不足以使它表面上的重力和离心力相平衡，但是对于质量大和距离远的行星还是要比质量小和距离近的行星快得多。木星的自转确实是我们所知道的最快的自转。如果不把这种自转看作是由吸引力造成的，而吸引力的大小又以天体质量的大小为变化，那么，我就不知道有什么理论能够在这方面和一个其团块超过其他一切行星的物体如木星相协调。倘使绕轴转动是一种外因作用的结果，那么，火星的绕轴转动就应当比木星快；因为这同一种外来的推动力能使一个小的星体比一个大的转动得快。就这点来说，因为一切运动总是离中心点愈远而愈慢，所以我们有理由要感到惊奇，为什么自转速度反而会随距离而增加，而且在木星那里甚至于可能比公转速度要快两倍半。

所以当我们必须用同样的原因来解释行星每日的自转，而这种原因又是自然界一般运动之源的吸引力时，这种解释方式，由于它的基本概念的天然优越性，以及从它得出来的结果是自然而然的，它的合理性就有了保证。

但是，如果一个天体的形成本身产生了绕轴转动，那么，这就应当成为宇宙的一切星球所共有的现象。然而为什么月球又没有这种现象呢？月球给人以假象，它总是以同一面对着地球

---

① 指行星。——译者

而旋转,这似乎是由于它的一个半球的超重现象,而不是由于真正的绕转运动。是不是月球从前曾经有过比较快的绕轴旋转,后来不知由于什么原因这种转动才逐渐减慢下来,一直慢到这种余留下来的微小而恰当的程度?只要这问题在一个行星上得到解决,由此得出的结论就可以应用到其他一切行星上去。我留待别的机会来解答这个问题,因为这是和柏林皇家科学院为1754年度的科学奖金所出的题目有一定关系的。

能说明绕轴转动起源的理论,也必须能够从同样的原因中推论出星球的轴对轨道平面的位置。人们有理由觉得奇怪,为什么行星每日旋转的赤道不是和卫星围着行星转的轨道处在同一个平面上;因为,使得一个卫星围绕行星运转的这种运动,也因伸展到行星本身而引起它绕轴转动,并且还应给它规定轴的方向和位置。某些天体虽然没有卫星围绕自己运行,然而正是由于作为它们物质的质点的这种运动,以及由于把这些质点限制在它们周期性轨道的平面上的这条规律,所以这些天体仍然能作绕轴转动,而这种绕轴转动由于同样的原因必须与质点的轨道平面在方向上相一致。根据这些原因,一切天体的轴必然要和行星系的一般关系平面相垂直,而关系平面则与黄道偏离不远。但是在太阳系中,只有木星和太阳这两颗最重的星体的轴才是垂直的;其他我们所知道的绕轴转动的星体,它们的轴都与其轨道平面有所倾斜;土星比其他行星倾斜更甚,地球则比火星要倾斜一些,而火星的轴也几乎与黄道相垂直。土星的赤道(假使我们可以用土星环来表示它的方向的话)以 31° 的角与其轨道平面相倾斜,地球则仅以 23.5° 的角与其轨道平面相倾斜。人们或许可以把产生这些偏离的原因归之于组成行星的物质具有不同的运动。在行星运行的轨道平面上,微粒的主要运动是环绕轨道中心的运动,那里就是关系平面,基本微粒曾经堆集在其周围,以便尽可能在这里作圆周运动,并为形成卫星积聚物质。因此,这些卫星决不会远离基本微粒的运行轨道。如果行星只是由绝大部分这类微粒所形成,那么,在行星最初形成时,它的绕轴转动也许和环绕它运转的卫星一样,很少与其运行轨道相偏离。然而正如前面的理论所已说明的那样,行星更多地是由从关系平面两侧下落的微粒所形成,而这些微粒的数量或者速度,似乎在两侧也不是完全相平衡,以致在一个半球的运动将会超过另一个半球不少,这样就使转轴可能发生些许偏移。

不管这些理由如何,我只是把它们的说明作为一种不敢确定的猜测表达了出来。我实在的想法是这样的:行星在最初形成的原始状态中,它们的绕轴转动几乎与它们的公转轨道平面完全一致,而且我认为一定有某些原因使这根轴从它最初的位置上移了出去。当一个天体从它最初的液体状态过渡到固体状态而达到完全形成的时候,它表面上的规则性将发生巨大变化。譬如说吧,表面已变得固定而坚硬,但其内部物质还没有按照它们密度的标准充分下沉;而和内部团块混杂在一起的较轻的物质,当它们从其他物质中分离出来以后,最终会聚集到最上一层已经凝固的外壳的下面,产生巨大的洞穴,其中最大和最宽的,由于种种原因(要在这里把这些原因一一列举出来,未免会扯得太远),总是在赤道之下或在接近赤道的地方。上面所设想的外壳最后陷了下去,产生了不同程度的高低不平,形成了山峰和洼地。如果由于这种方式——地球、月球、金星的表面似乎都是这样形成的——表面一层变得高低不平,那么,它们的表层在绕轴转动中就不能在各方面再保持平衡。星球上具有巨大质量的某些凸出部分,如果它们的背面没有相应的部分来与它们的转动相平衡,那么,必定会立即移动它们的转轴,使它处于能使物质在其周围保持平衡的位置。由此看来,在一个天体完全形成时使它平坦的表面变得高低不平的这一原因,也正是在用望远镜能清楚看到的一切天体上不得不略为变动它们的轴的原始位置的一般原因。然而这种变动是有限度的,不能太大。如上所述,这种高低不平,在一个处于自转中的天体的赤道附近,比远离赤道的地方要多些;到了两级,就几乎完全没有了。关于这方面的原因,我留到别的地方再谈。所以从同一个面上凸出得最多的质量,可以在赤道附近遇到,而当这些质量由于转动较快而不断向赤道趋近时,它们最多只能使天体的轴从垂直于天体的轨道平面的位置上移开几度。由于这个缘故,一个还没有完全形成的天体,仍将保持它的轴与运行轨道相垂直,而这种位置也许千百年后才会起变化。木星好像还处在这种变化过程中。它质量和大小的恰当,它物质的轻,使它不得不比其他星体晚几百年才达到其物质凝固的静止状态。也许它的团块内部还在运动,使它的各个组成部分按照其重力情况向中心下沉,并通过较稀薄物质与较重物质的分离,以达到凝固状态。在这种情况下,它的表面还不能显得平静。不断的崩溃还在那里造成废墟。甚至望远镜也证实了这种情况。木星这颗行星的形状在不断变化,而月球、金星、地球的形状则始终保持不变。我们很有理由可以设想,这样一个比我们地球大 2 万倍而密度却小 4 倍的天体,它完全形成的时期要晚几百年。在它的表面层达到平静状态以后,那么,毫无疑问,远比地球上大得多的高低不平将与其迅速的转动相结合,在不太长的时期内会使它自转的位置(这种位置是作用在它身上的力的平衡所要求的)固定下来。

土星比木星小 3 倍。也许因土星距离较远而有比木星形成较快的优点;至少土星的快得多的绕轴转动,以及在它表面层上离心力对重力的巨大比例(这在下章中将加以说明),使得我们设想在土星表面上由此产生的高低不平,通过转轴的移动,会立即移到超重的一边。我坦白承认,我的理论体系中关于行星轴的位置这部分还不够完善,距离能用几何学来计算还相当远。我宁愿诚恳地把这点揭示出来,而不愿引用各式各样东西和东拉西扯的假理由,来损害理论体系的其余健全部分,使它具有脆弱的一面。下一章将证实这整个假说的可靠性,并借此来说明宇宙结构的种种运动。

第 五 章
关于土星环的起源，从土星环的
情况计算土星每天的旋转

罗素说："康德最主要的科学著作是他的《宇宙发展史概论》，这部书出版在拉普拉斯的星云假说之前，制定了一个太阳系的可能起源论。这部书的一些部分具有令人佩服的弥尔顿式的崇高性……另一方面则纯粹是虚构的。例如在他的理论中，所有行星上都住着人，而且最远的行星上生活着的人是最好的居民。这种看法将为世俗的道德家所赞美，但是无任何科学根据支持。"

宇宙中各个部分，按照宇宙的规则性结构，通过它们的性质的阶梯式变化而联系了起来。因而人们可以猜想，世界结构中最远的一个行星，其性质大致和其邻近的、偏心率已经变小而进入了行星行列的彗星所具有的那些性质相同。因此，我们应该这样来看土星，好像它已经按照一种与彗星的运动相似的运动，以较大的偏心率围绕太阳运转过多次，然后才逐渐转移到了近似圆形的轨道上来的①。土星在近日点所受到的热，使轻的物质从它表面上升起；这种物质，我们从前几章中已经知道，在最高的一些天体上是十分稀薄的，只要微弱的热量就足以使它散开。土星在经过多次绕日运转以后转移到了现在飘浮的地方，在这种气候温和的地方渐渐失去了它所吸收的热量，而总是从它表面向其周围散发出去的雾气已在逐渐减弱，结果终于升起了一个像彗星那样的尾部。这时，已不再经常有新的雾气上升，使旧的雾气增加。或者简单地说，土星周围的雾气，由于我们即将说到的那些原因，继续在它周围飘浮，从而使土星有了一个固定的环，以保持它早先那种类似彗星的特征。与此同时，土星呵出热量，最后变成一个清凉平静的行星。现在让我们来解释一下从土星升起来的雾气之所以能保持自由飘浮的秘密，以便来说明散布在土星周围的大气之所以能变成一个到处与土星隔开的环的缘故。我假定土星早就有了绕轴转动；只要这个假定而不需要其他，就能揭开土星的全部秘密。就是这个绕轴转动，而不是别的什么推动机构在直接的力学作用下，使土星有了上述这种现象。而且我敢断言，在整个自然界中，只有很少一些事物的起源，能如此容易理解，有如天空中土星环这一奇特现象可以理解为从土星开始形成时尚不成熟的状态中发展起来的那样。

◀ 康德像

---

① 或者更为可能的是：土星由于其本性与彗星相似，而且从它的偏心率上可以看出它现在还保存着这种本性，在它把它表面上最轻的物质完全驱散以前，已经散发过类似彗星所拥有的那种大气。——作者

　　从土星升起来的雾气有它们自己的运动，并且在它们所升到的高度上继续用以自由地运动下去。而这种运动是雾气作为土星的一部分在土星绕轴转动时就已经具有了的。从土星赤道附近升起的雾气，一定有过最迅速的运动，而从赤道到两极，如果雾气升起的地区纬度越高，其运动也就越弱。密度的不同，使雾粒上升到不同的高度；但是，只有这样一些微粒才能以固定的自由圆周运动保持在它们所达到的那个位置上，这些微粒在这位置上应该受到这样一种向心力的作用，它足以与它们在绕轴转动中所获得的速度相平衡。其余的微粒，倘使由于与另一些微粒的相互作用而不能达到这种平衡时，那么，它们就必定或者由于运动过度而离开了土星的范围，或者由于运动不足而不得不回落到土星上去。从整个雾气球范围内散发出来的雾粒，正是按照在其绕轴运动中所服从的那条向心运动定律，将力图从两侧穿过土星的延伸的赤道平面，而当它们在两个半球之间的这个平面上相遇时，又互相阻拦，于是就在这平面上聚集起来。而且，我认为上述雾气是在土星的冷却过程中最后才被送出来的，所以所有散发出来的雾气物质都将聚集在这平面附近的一个不太宽的地带中，把其两侧的空间空了出来。然而，雾气物质在改变到这个新的方向上来以后，仍然能以它们飘浮时的那种自由的同心圆周运动继续运动下去。就这样，雾气球从原来是一个充实球体的形状变为一个铺开的平面，这个平面正好与土星的赤道相吻合；但是也正由于同样的力学原因，这个平面最后必然要得到一个环的形式。环的外缘决定于太阳光的作用，太阳光的力，如同它对彗星的作用一样，把那些离开土星中心已有一定距离的微粒驱散并使它们脱离出去，从而给雾气圈刻画出一个外缘。环的内缘则决定于土星在它赤道下面的速度的大小。因为在距离土星中心的某一地方，如果这里的速度能够与这里的引力相平衡，那么，这地方就是从土星飞出来的微粒能以其绕轴转动所固有的速度作圆周运动时离土星中心最大的距离。较近的微粒，则由于要作这种运转需要更大的速度，但是它们不可能有这种速度,因为即使在土星赤道上速度也并不较快,所以它们只能偏心地运转。这种偏心的运转互相交叉,使得一些微粒的运动把另一些微粒的运动减弱,结果它们会一齐掉回到它们来自的地方土星上去。这里我们就看到了一个极其稀罕的现象。自从这现象被发现以来,天文学家每次看到它都惊讶非凡,然而要找出它的原因,则从来也没有人寄予过这样一种希望,认为竟不需要任何假定,就可以轻而易举地从力学解释中得出它的原因来。不难看出,土星上所发生的情况,对于任何一个彗星也许同样可以发生,只要它有足够的绕轴转动,能处于一个固定的高度,并在这高度上能慢慢地冷却下来。在各种力的自然而然的发展中,甚至在混沌状态的发展中,自然界总是富有成果的。随之而形成的世界,为一切创造物的共同利益带来了多么美好的关系和协调。这种美好的关系和协调,甚至于使人们从它们主要特性的永恒不变的规律中一致肯定地看出了有那么一个伟大的存在。在其中,这些关系和协调借助于彼此的依存关系而结成了一个和谐的整体。土星因为有了环而得到很多好处;环延长了白昼,环照亮了许多卫星下面的黑夜,很快使土星上的人们忘记了那里没有太阳。但是,难道人们因此就应该否认物质按力学规律的一般发展,否认除规律的一般安排外,再不需要什么别的东西就能得出有益于理性生物的种种关系吗?万物都由一个原因联系着,这就是上帝的理智。因此,除了把上帝这个观念想象为尽善尽美的观念而外,从这里将得不到其他结论。

我们现在要从土星环的情况,根据上述关于土星如何产生的假说,来计算土星的绕轴转动时间。因为环中的微粒原先是附着在土星的表面上的,所以它们的一切运动都是与土星的绕轴转动一样的运动。因此,微粒中最快的运动与土星表面上所见的最快运动相同,就是说,微粒在环的内缘上绕行的速度是与土星在赤道上的速度相等的。但是这个速度(即环内缘上的微粒的绕行速度)可以从土星的一个卫星的速度中容易求得,其方法就是把这个卫星的速度当成从土星中心到表面的距离的平方根关系。从这个求得的速度中可以直接得出土星绕轴转动的时间为 6 小时 23 分 53 秒[①]。这种对一个天体的未知运动所做的数学计算，或许在自然科学中还是没有人提出来过的一种预言，尚有待于将来的观测加以证实。目前所有的望远镜还不能把土星放得很大，足以使人们看到土星表面上可能有的斑点，以便通过这些斑点的移动来看出土星的绕轴转动。望远镜或许还没有达到人们所期望的那样完善。然而这种完善程度通过技术家的努力，运用他们的技巧似乎还是可以达到的。如果将来有一天能从土星的外观上证实我们的许多设想，那么，土星理论的可靠性，以及建立在同样基础上的整个学说的可信性，都将由此而得到验证。从土星每日的转动时间也可以求得赤道的离心力对土星表面上重力的比例关系为 20：32。因此，重力只比离心力大 3/5。这样大的比例必然要使土星[纵横]直径之间出现很大的差别，这种差别已足够大，即使望远镜把这颗行星放大不多，还是应该可以清楚地观察到它的。但实际上这种差别并未被发现，于是人们担心，这种理论可能因此而受到不利的攻击。然而彻底的研究完全摆脱了这个困难。根据惠更斯提出的关于在一个行星内部重力完全相等的假说，[纵横]直径之差与赤道直径之比，应比离心力与两极重力之比小 2 倍。例如，因为地球赤道的离心力是两极重力的 1/289，所以，按照惠更斯的假说，赤道平面的直径应比地球的轴大 1/578。其原因在于，根据他这种假说，地球团块内部的重力，不问其离地球中心远近如何，总是与地球表面上的重力大小相等，而离心力却随着与中心点距离的减小而减小，所以离心力并非到处都是重力的 1/289，而由于这一缘故，在赤道平面上液柱的重量总的不是减小 1/289，而是这数目的一半，即 1/578。与此相反，在牛顿的假说中，绕轴转动所引起的离心力与重力之比，从整个赤道平面一直到中心点

---

① 据现代天文学，土星的自转周期为 10 小时 2 分钟。——译者

各处都是相等的;因为在行星内部(如果假定密度到处完全相同),重力随着与中心点的距离而减小,这种减小在比例上同离心力的随距离而减小一样,所以任何时候,离心力总是重力的 1/289。这使赤道平面上的液柱减轻而升高 1/289。在这种科学理论中,[纵横]直径之差还将由于下列情况而增加,即轴的缩短使各部分向中心点靠近,因而重力增加,而赤道直径的伸长则使各部分远离中心点,因而重力减小。由于这一缘故,牛顿扁圆体的扁率①将变大,以致两直径之差将从 1/289 增加到 1/230。

根据这些理由,土星[纵横]两直径之比应该比 20 与 32 之比还大,应该几乎接近 1:2。这样大的差别,尽管用望远镜看到的土星很小,但是只要稍加注意,还是不会把它错过的。单单从这里就可以看出,关于密度均匀的假说,对于地球似乎相当正确,但对于土星则与实际情况相差太远。实际上,这种情况对于这样一个行星倒是可能的,如果这个行星的团块大部分由一些最轻的物质所组成,而这些组成物中较重的种类则按其重力情况在向中心下沉,但这种下沉运动在行星凝固以前,远比在另一些天体中自由得多。这另一些天体因为其物质密度较大,阻碍了物质的下沉,而且在这种下沉运动能够开始之前,物质已经凝固。所以在土星内部,当我们假定它的物质的密度随着与中心点距离的减小而增加时,重力就不再按同一比例减小,而密度的增加代替了土星内部一个点以外的那些缺少的部分,这部分的引力是对重力不起什么作用的②。如果最下面部分的物质密度很大,那么,在球体内按照引力定律应该越向中心越小的重力,将变为一个几乎到处均匀的重力,使直径之比接近惠更斯的那种比例,而后者总是离心力和重力之比的一半。因此,由于这两

---

① 即行星自转轴短于其赤道直径的数值。——译者

② 因为根据牛顿引力定律,一个处于圆球内部的物体,它只会受到圆球中这一部分物质的吸引,这部分物质就是以球中心到物体所在处的距离为半径所画的球体。至于这距离以外的同心球壳部分,则由于它各处对物体的引力互相平衡,所以既不把物体向中心点拉去,也不把它从中心点推开。——作者

者的比例为 2∶3,所以土星[纵横]直径之差不是赤道直径的
1/3,而是 1/6[①]。但这个差别还是由于下列原因而不易察觉,土
星的轴任何时候都与轨道平面成 31°的角,土星轴的位置从来不
像木星的那样同它的赤道垂直,这样,就似乎把上述的差别缩小
了几乎 1/3。在这种情况下,特别是因为土星的距离那么遥远,
人们容易想到,土星这个球体的扁平形状,不是如想象的那么容
易就可以看到。但是星体学的观察主要决定于观察工具的完善
程度,所以我不想过分吹嘘,也许只有通过工具的辅助,才能发
现这样一种奇特的现象。

　　我关于土星的形象所论述的东西,在一定程度上可供天文
学作一般的解释用。根据一个精确计算,木星的重力与离心力
之比在赤道上至少等于 9.25∶1。如果木星团块的密度到处均
匀,那么根据牛顿力学定律,木星的轴与赤道直径之差实际应该
大于 1/9[②]。但是卡西尼[③]发现它只有 1/16,彭特[④]发现只有
1/12,有时是 1/14;所有这些观察结果的不同,证实了测定的困
难,但它们至少在这一点上是一致的,就是这个比例比根据牛顿
的理论,或者毋宁说根据他关于密度均匀的假说所要求的要小
得多。因此,如果人们把密度均匀的假说——它引起了理论与
观察之间那么大的偏差——改变为另一种更可能的假说,即行
星团块的密度随着与中心点距离的减小而增加,那么,人们不仅
能够说明对木星所做的观察,而且也能清楚看出土星这个比较
难以测定的扁圆行星,它的扁率所以比较小的缘故。

　　对土星环的产生的研究,给了我们有敢于迈出大胆的一步
的可能,即通过计算来决定望远镜所不能发现的土星绕轴转动
的时间。这一物理预言的尝试给我们添加了另一个同样是对该

---

　　①　现代天文学认为,土星直径之差是赤道直径的 1/9.5。——译者
　　②　据现代计算,木星轴与赤道直径之差约为 1/15。——译者
　　③　卡西尼(Giovanni Domenico Cassini,1625—1712),意大利天文学家,在法国巴黎天文台
工作多年。——译者
　　④　彭特(James Pound,1669—1724),英国牧师、天文学爱好者。——译者

行星的尝试,但这后一尝试只能有待于将来工具完善以后来证实它是否正确。

　　按照我们的假定,土星环是一堆微粒,这些微粒从这天体的表面上升,成为雾气以后,借助于从绕轴转动所获得的运动继续运动下去,并在各自的高度上保持作自由的圆周运动,但是它们在离中心点不同的位置上并不具有相同的绕转周期。如果微粒是由于向心力定律而维持在飘浮的状态中的,那么,它们的绕转周期就应当与各自距离的立方的平方根成正比。根据这一假说,微粒在环内缘上的绕行时间大约为 10 小时,而在外缘上的绕行时间根据相应的计算为 15 小时;也就是说,如果环最内部分的微粒绕行 3 转,最外的部分只绕行 2 转。然而很可能发生的是,尽管人们把微粒在环平面上互相引起的阻碍作用,由于它们非常分散而随心所欲地估计得怎样微小,但较远的质点因运动落后而在每一绕转中便使下面运动较快的质点渐渐变慢下来,而下面的这些质点则把它们的一部分运动分给了上面的质点,使它们以较快的速度运转。所以,如果这种相互作用不会中断,那么,这样的速度交换将延续如此之久,直到环中质点,不论它们是在下面的或者是在较远地方的,都到达这种程度为止,就是说,在相同的时间内作相同的绕转运动,以致彼此犹如处于相对静止的状态,而且在这运动中又互不发生作用。但是,如果环的运动真的会到达这种状态,那么,这种状态也会把环本身完全毁灭掉。因为,当我们取环平面的中间一圈,并假定那里的运动保持着它以前曾处在过而以后还须处在的状态,以便能作自由的圆周运动时,可见下面的微粒因为运动受到很大阻碍,就不能在它们的高度上继续飘浮,而将以倾斜的偏心运动彼此相交叉。但是较远的微粒,在比按照它们的距离所应有的向心力所规定的运动更大的运动的推动下,则会越出太阳的作用所规定的环的外缘,远离土星,消失在它的外面。

　　然而,人们毋庸担心所有这种混乱的现象。因为环的运动机构具有一种安排,这种安排正是凭借应该足以使环毁灭的那些原因，使环处于一种安全状态。这种安全状态就是把环分成几个同心圆带，而且由带与带之间的空间把这些带隔开，使它们不再有什么联系。因为在环内缘上绕行的微粒，由于运动较快，带动了上面的微粒，加速了它们的绕行运动；所以，这些微粒速度的增加引起了过大的离心力，并使自己离开了曾经飘浮过的地方。但是，如果我们假定，这些微粒要脱离下面的微粒，就必须摆脱它们之间的一定联系（虽然微粒是一些分散的雾气，但它们之间的这种联系似乎还是相当大的），那么，运动程度的增加就会摆脱这种设想的联系。但是，只要这些微粒在与最下面微粒一样的绕行时间中所获得的离心力，超过它们所在位置上的向心力，而且超过的部分小于这种联系，那就摆脱不了它。由于这个原因，在环的一个圆带的一定宽度内，虽然因为带上各部分都在相同时间内作相同的绕转运动，上面的部分有脱离下面的部分的倾向，但还是可以有这种联系的。然而带的宽度不能太大，因为这种以相同时间作相同绕转运动的微粒的速度是随距离而增加的，而当速度超过了保证雾气微粒能相互联系的程度时，这种增加就比按照向心力定律所要求的还要大。在这种情况下，这带势必要破裂而获得一定的、与离心力超出所在位置的向心力的部分相适应的宽度。这样就可以决定环的第一圆带与其他圆带是由一个空间相隔开的；按照同样的方法，上面的微粒因下面的微粒运动较快而获得的加速运动，以及阻止它们分离的联系，就造成了第二个同心的环；第三个环则离它不远，而且为一个不太宽的空间所隔开。如果能知道微粒间相互联系的程度，我们就能算出这种圆带的数目以及把它们隔开的空间的宽度。无论如何，我们已从土星环的联结中（这种联结防止了环的破坏，并使它能在自由运动中继续飘浮）猜到了它的充分可能的起源，这就使我们感到很满意了。

如果将来某一天能通过实际的观察，我这种猜测有希望得到证实，那我将大为高兴。几年前，来自伦敦的传闻说，有人用一种新的、经布莱德雷先生改进的牛顿式望远镜观察过土星，发现它的环实际上似乎由许多为空间所隔开的同心环所组成。此后,这消息就没有再听说过①。观测工具为人们认识宇宙的最遥远地区开辟了道路。如果在这里要迈出新的一步主要依靠这些工具,那么,对于本世纪一切可以扩大人类认识的注意力而言,人们大概可以期望,它将转向最有希望获得重大发现的那个方面。

然而,土星如此幸运地为自己创造了一个环,为什么其他的行星却得不到这种好处呢?原因很简单。因为环是由行星在它尚未成熟的状态中呵出的雾气所组成,而且行星的绕轴转动又必须给这些雾气以一种运动,使它们在达到一定高度后能继续运动下去;在这高度上,它们所固有的这种运动恰巧能与行星的重力达到平衡。所以,如果我们知道行星的直径、它的绕转时间和它表面上的重力,那么,我们就能很容易用计算来决定,这些微粒应该升到什么高度,才能用它们从行星赤道那里得来的运动保持在自由的圆周运动之中。按照向心运动的规律,如果一个物体能以与行星绕轴转动相同的速度环绕行星作自由的圆周运动,那么,这物体离行星的距离与行星半径之比,将与行星赤道上的离心力与重力之比相等。由于这些原因,如果把土星的半径假定为5,那么土星环内缘的距离将为8,这两数字之比有如20：32,如上所述,这个比例表示赤道上重力与离心力之比。出于同样的原因,如果我们假定木星应该有一个用这种方式产

① 我讲了这话以后,在1705年巴黎《皇家科学院纪事录》第二部分第571页上看到由冯·斯坦卫(von Steinwehr)翻译的卡西尼先生的一篇文章,题目叫做《论土星的卫星和环》,这篇文章证实了我的这种猜想,所以这猜想的正确性几乎是无可怀疑的了。卡西尼先生提出了一个想法,它的真实性在某种程度上和我的结论可能稍接近,虽然这种想法本身不大可能。他认为环或许是一个小的卫星群,它们从土星上看,正像银河从地球上看一样。(如果把围绕土星以同样的运动运行的小的卫星看作雾粒,那么这种想法是站得住脚的。)他在提出了这想法之后接着说道:"人们在土星环似乎还较宽、缺口较大的年代里所进行的观察,证实了这种想法,因为人们看到,环的宽度为一条幽暗而椭圆的线分成两部分,靠近球体的部分比最远的部分要亮些。这条线同样标明了在两部分之间有一个很小的空间,正像环与土星之间的距离由一最黑暗的地区来标明一样。"——作者[据现代天文学观察,土星环由三个隔开的同心环组成(最近据说又发现第四个环)。——译者]

生的环,那么,其最小半径将超过木星的一半厚度 10 倍,这就正好到了木星最外一个卫星绕它运行的地方。除这些原因外,还因为木星所呵出的雾气不能散布到离它那么远的地方,所以它是不可能有环的。如果要知道地球为什么没有环,那么人们就可以从这环的半径,即使是环的内缘半径特别巨大这一情况中找到答案。这个半径要比地球的半径大 289 倍。至于运动缓慢的行星,它们产生环的可能性则更小了。因此,除了实际有环的行星而外,如上所述,就根本不存在其他行星有过什么环的情况,所以这一点也加强了我们对上述这种解释方式是正确的信念。

但是我几乎可以肯定的是,围绕土星的那个环不是用一般的方式形成的,也不是根据一般的天体形成规律产生出来的,这种一般的天体形成规律统治着整个行星系统,并为土星提供了卫星。我认为,土星外面的物质并没有为环提供什么材料,而材料是从土星本身来的。热量使土星中最易挥发的部分升了起来,土星的绕轴转动给了它们以绕转运动。因此,环不像土星的各个卫星,也根本不像围绕有关的行星运行的所有物体那样,被限制在行星运动的共同关系平面之内,而是与这平面偏离很大。这恰恰证明了环不是由一般的基本物质所组成,也不是从这种物质的降落中获得了它的运动,而是在土星完全形成之后很久才作为它的分出部分上升起来,并通过所赋予它们的旋转力获得了与绕轴转动有关的运动和方向的。

对天空中这一罕见的现象,理解了它的全部实质和它所以会产生的原因之后,这种乐趣就把我们卷入了这一章里我们所做的范围广泛的论述中。在我们随和的读者的许可下,让我们继续在这一章的末尾尽可能无拘无束地把各种意见都发表出来,然后更小心谨慎地再回到真理上来吧。

难道人们就不能设想,地球与土星一样,早先也有过一个环吗?环从地球表面升起,如同土星环从土星表面升起一样,而且维持了很长一段时期。那时地球的转动比现在要快得多,谁知道是什么原因使它变到现在这样缓慢的程度。或许有人相信，往下降落的一般基本物质按照上述的规律组成了环。如果人们只是为了高兴而这样幻想，那么我们就不必认真来看待它。然而，这样一种思想为我们提供了多么丰富多彩的美好解释和结论啊！好一个围抱地球的环！这景象对那些被创造出来是为了把地球当作天堂去居住的人们看来，该多美啊！而且，大自然从各方面对人们笑脸相迎，又该多么惬意啊！但是，这丝毫不意味着它不是对创世史文献的一个假说性证明。这种证明是为一些人所欢迎的，他们认为，利用这种假说离开题目来说说笑话以引起重视，这不是亵渎神明，而是证实了上帝的启示。摩西所说的天降洪水①，已经为圣经的解释者们带来了不少麻烦。难道人们就不能利用地球的环来消除这种麻烦吗？这个环，毫无疑问是由水蒸气组成的；而且，除了它为地球上最早的居民提供方便以外，在必要时还可以把它毁掉，用洪水来惩罚已经使自己不配有这种美景的这个世界。

或者是彗星的吸引，使水蒸气各部分有规律的运动陷入紊乱之中，或者是彗星所在地区的冷却，使分散的蒸汽各部分聚合了起来，而后把它们在一场极其凶恶的暴雨中冲到了地面。人们很容易想到，这会产生什么样的后果。整个世界在洪水中沉没了，而且还在这场不自然的暴雨中，从外来易挥发的雾气中吸进了慢性毒物，使所有造化物濒于死亡和毁灭。接着，一条苍白而光亮的弧的形象从地平线上消失了，而洪水之后的新世界就永远不会回忆起这个景象来了。新世界已感觉不到上帝的这一惩罚工具的可怕，但它也许会在第一次天雨后看到彩色缤纷的虹而感到惊恐万状。因为这条虹，就其形状来说，似乎是以前的一条弧②的模样。但由于上帝的宽恕，这条虹对于改邪归正的地

---

① 这是指基督教《旧约全书》的《创世记》第六、七、八章中所述的故事。据说，上帝为了惩罚世人，使洪水泛滥四十天，把地上的生物都淹死了，只留下方舟里的诺亚（Noah）一家和一些其他生物继续生存下去。——译者

② 指那个设想存在过的地球的环。——译者

球上的人类来说，已成为天恩的一种标志或上帝的恩赐。这种恩赐与以前的那个环形状相似。这一事实可能会使一些人把以上关于洪水的假说推荐给那些倾向于使启示的奇迹与井井有条的自然规律统一于一个系统中的人们。但是我觉得更适当的是，为了真正的欢乐，应该完全抛弃由于这种统一而引起的一片喝彩叫好声。这种轻率的喝彩叫好所表示的欢乐是靠不住的。因为真正的欢乐在于自然的类比之间，为了表述自然真理，相互支持而产生的对于规则性联系的认识。

第 六 章
关于黄道光①

　　《宇宙发展史概论》在西欧启蒙时期中对于人类思想发展的影响，是极其巨大的。因此恩格斯在《自然辩证法》中对于这部书曾给以崇高的评价，宣称"在康德的发现中包含着一切继续进步的起点"。恩格斯对于康德的《宇宙发展史概论》这样崇高的评价，在天文学中除了哥白尼的《天体运行论》之外，没有其他的著作可以担当得起。

---

　　① 　黄道光，日出前或日出后在黄道两边出现的一种锥体状的微弱光芒。热带地区四季可见。在中纬度的地方，只在春分前后可见于黄昏后的西方天空，秋分前后可见于黎明前的东方天空。形成黄道光的原因，现在仍然说法不一，有人说是太阳大气最外层的延长部分，有人说是地球轨道面上的尘埃质点散射太阳光的结果。——译者

太阳被一种稀薄的雾气状物质包围着。这种物质只是在太阳赤道平面的两边稍为有所扩展，但是直到很大的高度都环绕着太阳。对于这种物质，我们还不能确定是否像德·迈兰①先生所描绘的那样，它的图像在一个磨得很光的扁豆状玻璃镜②下看来是与太阳表面相接触的，还是像土星环那样，周围与土星相隔开？不管这样或那样，总之这一现象与土星环非常相似，足以相与比较，并把它从一个与土星环一样的起源中推导出来。如果像我们最可能设想的那样，这种铺开的物质是从太阳里流出来的，那就不能忽视把这种物质带到太阳赤道的共同平面上去的那个原因。这种最轻、最易挥发的物质，由于太阳的火焰使它从太阳表面升起，而且已经升起很久，因而它们在太阳的同样作用下继续被驱逐向上，并按其轻重程度飘浮在一定高度；在那里，或者是因为太阳的驱逐作用与这些雾气微粒的重量达到了平衡，或者是因为它们受到不断向其涌去的新的微粒的支持而在那里飘浮。现在，这些从太阳表面上挣脱出来的雾气，在太阳绕轴转动的均匀推动下，得到了一定的绕行运动，因此力图按照向心运动定律，在圆周运动中从两侧穿过延伸的太阳赤道平面，而且因为它们是以相等的数量从两个半球向上述平面拥上去的，又是以相等的力在那里堆集起来的，所以，在这个太阳赤道关系平面上就形成了一个铺开的面。

然而，尽管黄道光与土星环相似，但二者却有一个显著区别，以致黄道光现象与土星环迥然不同。土星环的微粒是用给予它们的绕转运动而保持在自由飘浮的圆周运动中的，而黄道光的微粒则是靠太阳光的力保持在它们的高度上的。没有这种力，那种由太阳的旋转所赋予它们的运动，就远远不能阻止微粒

◀ 康德在为俄国官员讲课

① 德·迈兰(J. J. D. de Mairan，1678—1741)，法国天文学家。——译者
② 两面都是中间凸出的圆形玻璃透镜，是一种光学成像仪器。——译者

在自由运转中掉落下来。由于太阳绕轴转动的离心力在太阳表面上还不及吸引力的 1/40000，所以这种上升的雾气必将在远离太阳达到太阳半径的 40000 倍的高度地方，才能刚刚遇到足以与雾气的旋转运动相平衡的重力。所以我们确信，不能把太阳的这种现象同土星环一样归之于重力的作用。

虽然如此，但还是有这样一个相当大的可能性，那就是，太阳的这个项圈或许与整个自然界有同样的起源，即由一般的基本物质所形成。而且因为这种基本物质的各部分只是在太阳系的最高地方到处飘浮，所以只有在整个太阳系完全形成以后，它们才以较弱的、但是自西向东弯曲的运动向太阳掉了下来，而且以这种形式的圆周运动从两侧穿过延伸的太阳赤道平面，在这里停留而积聚起来，形成了一个铺开的平面。在这平面上，一部分由于在降落中被太阳光驱回，一部分则由于它们所真正达到的轨道运动，使它们持久地保持在等同的高度上。目前的这种解释只具有猜测的价值，并不要求随便的赞同，所以还是让读者去判断，哪种解释他认为是最值得接受的吧。

第 七 章
在整个无限空间和时间范围中的造化

康德星云假说能在天文学界中引起广泛的影响，则在法国数学家拉普拉斯的《宇宙体系论》(1796)出版之后。拉普拉斯的星云假说的发现与康德的假说并无任何的关系，但由于这两种星云假说在基本原理和许多个别论据上有许多共同之点，所以德国物理学家亥姆霍兹就将这两种天文学说等同起来看待，并名之为康德-拉普拉斯的星云假说。

宇宙以它的无比巨大、无限多样、无限美妙照亮了四面八方,使我们惊叹得说不出话来。如果说,这样的尽善尽美激发了我们的想象力,那么,当我们考虑到这样的宏伟巨大竟然来源于唯一的具有永恒而完美的秩序的普遍规律时,我们就会从另一方面情不自禁地心旷神怡。在行星世界中,太阳从所有运行轨道的中心发出巨大引力,使太阳系各个住有居民的天体都沿着永恒的轨道运转。这个行星世界,像我们已看到的那样,完全由原来分散的基本物质形成。人眼在太空深处所发现的所有恒星,看来多得简直太过丰富。它们也都是一些太阳和某些类似太阳系的中心。所以这一类比使我们深信,这些星系同我们所在的太阳系一样,都是由充满虚空的基本物质的最小粒子以相同方式形成和产生的,而这个虚空就是神存在的无限范围。

所有世界和世界系统都有同一个起源;引力是没有界限的,普遍存在的,而微粒的斥力也同样到处在起作用;在无限面前,大和小同样都是小。如果是这样,那么,难道所有的世界就不会同样有相应的结构和有规则的相互联系,正像我们太阳系这个小范围内的天体,如土星、木星和地球都各自成为特定的系统,但同时又作为一个较大系统的成员而相互联系着吗?银河里的所有太阳都是在无法计量的空间中形成的。如果我们假定在这空间中有某一个点,它的周围不知由于什么原因已摆脱混沌状态,而开始了自然界最早的形成过程,那么,在这个点上就将出现一个质量极大和引力极强的物体,进而能够迫使它四周广大范围内正在形成的所有系统,以它为中心向它降落,并在它周围构成一个总的系统,正像在太阳四周的小范围内以同样的基本物质构成了一个行星系一样。观测证明,这个推测几乎是无可怀疑的。星群由于其位置都联系于一个共同平面而构成一个系统,正如我们太阳系的各个行星都环绕太阳而构成一个系统一

◀"机遇号"拍摄的火星地表图像

样。银河是许多更高世界系统的黄道带,这些世界系统很少偏离带的范围,并且总是以它们的光芒照耀着这片狭长的空间;这正好像行星的黄道带总是不断地被行星的微光所照亮,尽管行星只是处在行星黄道带的几个点上那样。银河里的每一个太阳同围绕它们而运转的行星一起,构成了一个特定的系统;但是这并不妨碍它们成为一个更大系统的一部分,正像木星和土星尽管有自己的卫星伴随着,还是被包含在一个较大世界的规则性结构中一样。它们在结构上这样严格一致,难道我们就不能认识到它们产生的原因和方式也是相同的吗?

如果许多恒星又构成一个系统,其大小取决于处于其中心的那个物体的引力作用范围,那么,难道在漫无边际的空间中就不会产生并出现更多的恒星系统,以及好比说,更多的银河吗?我们以不胜惊异的心情看到天空的星象不过是许多聚集于一个共同平面上的这种恒星系统,以及许多的这种银河,如果我可以这样说的话。它们由于面对着我们眼睛的方位不同,而且因为离我们无穷遥远而呈现出发光微弱的各种椭圆形状。它们都是这样一些天体系统,其直径比太阳系的直径大得无穷,甚至可以说是无穷倍大。但无可怀疑的是,它们都是以同样的方式而产生,都由于同样的原因而得到有秩序的安排,并且都由于一种同推动我们太阳系一样的推动作用而维持在自己的结构之中。

如果再把这些星系看作是整个自然界这根大链条上的各个环节,那么,我们有和以前一样多的理由可以认为,这些星系是相互有关的,并且按照支配整个自然界的初始形成规律,相互联结而构成一个新的更大的系统。这个系统受到一个其吸引作用还比前面提到的任何其他物体为大的物体的吸引的支配,并且是从各星系井然有序的位置的中心发出的。这个吸引作用是银河中各恒星之间的规则性结构之所由来,但也作用到了这些世界系统所在的遥远地方。所以,如果没有均匀分布的离心力来和这个吸引作用相平衡,使二者的联结成为规则性结构的基础,那么,这个吸引作用必然要使这些世界系统离开它们的位置,从而不可避免地要使整个宇宙埋葬于即将来临的混沌之中。吸引力显然和共存性一样,是物质的一种属性,可以延伸到遥远的地方,而共存性则通过物质的相互依存把物质联结起来构成空间。或者更正确地说,吸引力就是把自然界的各个部分联合在一个空间之中的一种普遍关系,所以它在广漠的空间中到处伸展,直至空间的一切无穷远处。从这些遥远的系统来到我们眼帘的光,只是一种被推动的运动。吸引力则是运动的源泉,它不需要外来原因,而是先于所有运动的东西。即使在自然界的普遍静止中,吸引力也不会引起任何碰撞而能渗透到物质的最深处,因而什么也不能阻止它的作用。如果是这样,我为什么不能说,当自然界从物质尚未形成天体时的分散状态开始扰动时,正是吸引力使那些恒星系统(且不管它们距离无比遥远)运动起来的呢?正像我们在小范围内所看到的那样,这种吸引力不就是使它的各部分所以能具有规则性联系和保证它们永久存在而不至于崩溃的源泉吗?

但是,这些规则性安排究竟将要怎样告终呢?造化本身将在什么地方结束呢?人们可以说,如果把它同无限的神力一样看待,造化就一定根本没有界限。上帝的创造力是无限的。如果我们把神的启示的空间局限在一个用银河的半径所画的球体之内,好像我们要把这空间限制在一个直径为1英寸的球体中那样,那么就不能说明上帝的创造力是无穷无尽的。一切有限的东西,一切有界限的并同某种单位有一定联系的东西,都离无限遥远得很。在这种情况下,说神只施展了它的创造力的无限小部分,而把它的无限力量这个自然和宇宙的真正无穷宝藏看作是不起作用的,把它保留起来,永不使用,那就是荒谬的。按照造化应有的全貌来加以描述,以证明神力是不能用任何尺度来衡量的,这岂不更为合理,或者确切地说,更有必要吗?由于这个理由,可见神性的启示范围同神性本身是一样地无限的①。永恒性如果不和空间的无限性结合起来看，就不足以证明至高无上者的存在。不错，成长、形状、美和完善是构成宇宙的原料，亦即基本物质和实体之间的各种关系，这可从上帝的智慧在任何时候所做的安排中看出来。而且对于上帝的智慧来说，认为这些安排是从存在于它们的普遍规律中经过一系列自然的过程而展示出来的，也最为合理。因此我们有充分的理由说，宇宙是在时间进程中从大自然所提供的创造物中逐步安排好和逐步建立起来的。但是，其特性和力量是一切变化的基础的原始物质本身，是上帝存在的一个直接结果。所以，这种物质必然是一下子就既丰富又完美，以致它的各种组合的发展得以在永恒的流逝中按照计划展现出来，而这个计划本身包括所有可能包括的东西，不受任何限制，简单地说，它是无限的。

所以，如果造化在空间上是无限的，或者至少在物质上真的从一开始就已经是无限的，而在形式或者成长上也要成为无限的，那么，这个宇宙空间就会由于有了数不清的无穷尽的世界而活跃起来。这样一来，我们前面特别考虑过的关于世界各个部分的有规则的联系，是否将延伸到全体，并通过吸引力和离心力的结合而把整个宇宙这个大自然的一切都包括在一个单独的系统之内呢？我说是的。如果只有一些孤立的世界结构，而没有统一的联系把它们连成一个整体，那么我们就很可以想象，如果由这些环节所组成的这根链条假定真正是无限的，那只要它的

---

① 在形而上学者中间，有人反对世界无限延伸这个概念，最近的魏顿坎普夫（M. Weitenkampf）先生就是一个。如果这些先生们认为任何一个集合不可能没有数量和界限，因而不能接受这个观念，那么我就暂先要问，在永恒的未来序列中，难道不包括一个真正无穷的多样性和无穷的变化吗？还有，对这个无穷的序列难道神的智慧不是现在已经完全知道了吗？如果上帝能够在一系列连续的事实中把它自己一下子理解到的无穷概念变为现实，那么为什么它就不能在空间的组合联系方面展现出另一个无穷的概念，从而使世界的范围也变成没有界限的呢？如果有人试图回答这个问题，我就要利用这个提供的机会，从数的性质出发来阐述这个问题，以消除这个臆想的困难，假如经过仔细考虑仍然可以认为这是需要加以说明的话。我要问：一个具有最高智慧的神力，为了显示自己而已造出来的东西，比起它能造出来的东西，难道不是处于一个微分量的地位吗？——作者

各个部分从各个方面发出的吸引力都完全相等,就能保证这些系统绝不会因内部的相互吸引而崩溃。但对此需要作极其精确的测算,以确定由吸引力所规定的距离。因为即使是最微小的一点位移,也将招致宇宙的崩溃,使它经过一个相当长而最后终将结束的时期终于瓦解。没有奇迹就不能维持的一个世界结构,并不具有标志着它是上帝的选择的这种持久性的。所以,如果把整个宇宙看作一个单独的系统,把充满整个无限空间中的一切世界和世界系统联系于唯一的中心,那就更符合于上帝的选择了。一群分散的世界结构,尽管它们彼此可以分散得很远,如果不是通过规则性运动而对一个公共中心,即对宇宙的吸引中心和整个自然界的支点做出一定的安排,就将不可避免地导致破坏和趋向毁灭。

整个自然界的这个共同中心,不管已经形成或者尚未完全形成的世界和世界系统都在向之降落,它无疑是吸引力最强大的团块的所在地。它把当时已经产生的以及在永恒的未来中将要产生的一切世界和世界系统都包括在它的引力范围之内。人们不难想象,自然界很可能正是从这一点的周围开始形成,这里的天体系统聚集得最紧密,而在离这一点较远的地方,系统则以越来越大的分散程度消失在无限的空间之中。这样一个规律也许可以从我们太阳系的类比中得来,此外,这样一种结构还可以起到这样一种作用,就是在距离远的地方,不仅这个共同中心体,而且靠近它、绕它运转的所有系统都把它们的引力结合在一起,好像这些引力是从一个团块出发而作用于更远的天体系统的。这样的安排就有助于把伸展到无限远的整个自然界包括在一个唯一的系统之中。

物质有形成物体的趋势。从统治这种物质的力学定律中去追溯自然界的这个宇宙系统的形成,就必须认为,在曾经分布着基本物质的无限空间中,一定有过某一个地方,在那里这种基本物质最紧密地聚集在一起,并通过所发生的极妙的形成过程为整个宇宙创造了一个团块,用作整个宇宙的支点。虽然在一个无限空间中实际上没有任何一个点可以优先地被称为中心点，但是，原始物质在它被创造出来的同时，就在某一个地方聚集得特别紧密，而离这地方越远就越分散。由于它在密度分布上有这样一种关系，所以这样一个物质密集的点就可以优先地被称为中心。而且它将真正成为这样一个中心，因为在这里形成了引力最强的中心团块，所有其他处于形成特殊星体中的基本物质都在向之降落。就这样，不管自然界怎样发展，在造化的无限范围内整个宇宙将变成一个唯一的系统。

然而，重要的，而且如果得到赞同，就值得引起最大注意的是，根据自然界在我们这个太阳系中发展的先后次序，造化或者毋宁说自然界的成长，是首先从这个中心开始，并不断前进，逐渐扩展到所有较远的区域，以便在永恒的进展中用各个世界和世界系统来充满无限的空间。让我们暗自得意地再来花一点时间谈一下这个想法吧！我找不到有什么东西，能够像我理论中关于造化是如何逐步完成起来的这一部分那样，使人类精神能在全能者的无限领域里看到其全貌而感到惊愕莫名。我的看法是，构成一切世界的物质，不是均匀地而是按照某一规律散布在和上帝同在的整个无限空间中的；这条规律所讲的，或许和质点的密度有关，按照它说来，从某一点最密集的地方起，原始物质将随着与这中心点距离的增加而越分散。如果人们同意我的这种看法，那么，自然界在最初扰动中首先是从这个中心点开始形成，而后随着时间的推移，其他各个世界和世界系统也将在较远的空间区域里按照以这个中心为依据的规则性结构，逐渐地形成起来。每一个有限时期的长短都与所要完成的事的大小有关，有限的时期总是只能从这个中心开始达到一个有限的发展范围；其余的无限部分则还在与混乱和混沌状态做斗争，它们离自然界已形成的那部分越远，离开完全成形的状态也就越远。因此，虽然从我们所居住的地方来看宇宙，它似乎是一个已经完全形成了的世界，也就是所谓有规则地结合在一起的无限众多的世界系统，但是实际上，我们只不过是在整个自然界中心点的近邻，这里已经摆脱混沌状态而达到了应有的完美程度。如果我们能够超越一定的发展范围，我们就会在那里看到微粒的混沌和分散状态，而且按照它们离中心点远近的程度，可以看到越是靠近中心点的，就越是脱离了原始状态，而发展也就越接近于完美。但是随着与中心点距离的增加，它们就逐渐消失在完全分散的状态之中。我们将看到，这个为一切可能的自然界的形成而储藏东西的、与上帝同在的无限空间，是如何埋没在黑夜之中。它充满着物质，这些物质是将来所要创造的许多世界的材料，又充满着各种动力，这些动力以微弱的激动使这些世界开始运动，从而使无边无际的荒芜空间总有一天得以活跃起来。我们所在的已形成的自然界范围，在达到现在这样的完美状况以前，或许千年万载、千秋万代已经流逝过去了；自然界也许要经过同样长的时间，才能从混沌中再跨出同样远的一步。但是已经成形了的自然界范围却在不断地扩大。创世不是一瞬间的事。当它一旦开始产生出无穷尽的实体和物质之后，它就会在整个无始无终的时间延续中这样继续下去，日益增加成果。千秋万代将流逝过去，在这时期内总是有新的世界和世界系统在远离自然界中心的地方不断地相继形成，相继臻于完美。这些世界和世界系统，不但相互间有其规则性的结构，而且还同宇宙中心发生普遍联系，这个中心由于它巨大质量所具有的吸引能力，成了世界的第一个成形点和创世的中心。未来时间的延续是无限的，以致永恒是不可穷竭的。这无限的未来时间将使一切和上帝同在的空间完全活跃起来，并使之按照上帝的卓越设计逐渐处于有规则的秩序之中。如果我们能够大胆设想而把全部永恒总括为好比说一个概念，那么，我们也许能把整个无限空间看作已被各种世界系统所填满，创世已经全部完成。但事实上，因为在永恒的时间延续中所留下的其余部分总是无限的，而已经流逝的部分则是有限的，所以已成形的自然界的范围在这样一个总体中永远只是一个无限小的部分，这个总体含有未来世界的萌芽并在力图经过或长或短的时间摆脱混沌的原始状态而发展起来。创世永远不会完结,而且一经开始,就永远不会停止。它总是忙于产生自然界的新景象,产生新的事物和新的世界。造化所完成的事业,与所用以完成的时间有关。它非要永恒不可,以便用无数没有止境的世界,使无边无际的空间活跃起来。我们不妨用一位最卓越的德国诗人关于永恒所写的诗来歌颂它:

> 无限无穷! 谁能把你权衡?
> 在你面前,世界好比一天,人类犹如瞬间,
> 也许第一千个太阳正在转动,
> 还有几千个太阳正在后面。
> 钟要摆使自己走个不停,
> 太阳也要上帝的力来推动:
> 它的工作完成,另一个又照耀天空,
> 可是你呀,超乎数序,无始无终。

冯·哈勒[①]

如果人们能够用自己的想象力超出已经创造完成的宇宙界限,驰骋于尚在混沌中的空间,在这个已经创造完成的世界范围近边,去看一看那个半形成的自然是怎样经过各个不完善的和相互有差异的阶段而向外逐渐消失在整个未形成的空间之中的,这是一个不小的快乐。但是当我们或许是完全任意地假定说,自然界只有一个无限小的部分已经发展成形,而无限多的空间范围还在努力摆脱混沌状态,以便在将来的时间延续中产生出具有一切秩序和美的成群的世界和世界系统来的时候,人们就会说,武断地提出这样一个假设,并且誉之为一个可供理智欣赏的题材,这岂不是一种应受指责的大胆行为? 我不会如此沉

[①] 冯·哈勒(Albrecht von Haller,1708—1777),瑞士解剖学家和生理学家,1732 年出版过一本诗歌集,还写过三部哲理小说。1736—1753 年曾在德国格廷根大学任教。——译者

涵于我的理论所提供的这些结论,以致对于我这种猜测,认为造化是在含有为创世所需要的一切物质的无限空间中逐步扩展开来的,看不到它完全不能逃避它是无法证明的那种指责。然而我希望那些能够估量它多少有一定可能性的人们,对于这样一种关于无限的图景,虽然其中包含着似乎永远不能为人类理智所理解的题材,不应该立刻就因此而轻率地把它看作是一种幻想,尤其是当我们能借助于类比的时候。每当理智缺乏可靠论证的思路时,类比这个方法往往能指引我们前进。

但是类比还能够得到其他站得住脚的理由的支持,而读者的明察的智慧,如果我有幸可以这样来恭维他的话,或许还能补充其他更加有力的理由。因为,假如对普遍作用于宇宙各个部分的引力,造化没有做出同样是普遍的与之对立的安排,以制止宇宙由于引力的作用而趋向于崩毁和混乱,假如造化也没有把离心力加以分配,使它同向心力结合起来以形成一个普遍的规则性结构,那么,造化就不会具有稳定性。如果考虑到这一切,我们就不得不假定有一个全宇宙的共同中心,它把宇宙的各个部分在一定的关系中连结起来,从而使自然界的全体只组成一个系统。如果此外再考虑到,如前面已经说过的那样,天体是由分散的基本物质所形成,而且只要我们在这里不是把这个概念局限于一个特殊的系统,而是把它扩大到整个自然界,那么,我们就不得不这样设想,在原始混沌状态的空间中有这么一种基本物质的分布状态,它里面自然而然地会出现一个整个造化的中心,因而一个能把整个自然界都包括在其作用范围内的一个有效团块得以在这中心产生出来,而且对整个自然界实现全面的联系,从而使一切世界形成一个唯一的结构。然而在无限的空间中,原始的基本物质,除了按照从一个中心开始,随着与距离的增加而越分散这样一条规律分布以外,很难设想还有其他什么分布方式,也能为整个自然界提供一个真正的中心和降落点。而且这条规律同时也为在无限空间中不同地区形成的系统发展到成熟所需要的时间,规定了一个差别。因此,一个世界形成的地方越接近造化的中心,所需的形成时间就越短,因为基本物质在那里聚集得比较稠密;反之,离造化中心越远,需要的时间也就越长,因为质点在那里比较分散,而且聚合成形也较晚。

如果对我所勾画的整个假设,就我已说过的和以后还要说的内容进行全面的检验,那么人们对我的大胆设想,至少会认为并没有什么不适当之处而加以谅解。每一个已臻完善的世界都有逐渐趋向毁灭的倾向。这种倾向也可成为保证宇宙还会在别的地方重新产生许多世界,以补偿它在一个地方所受的损失的一种理由。我们对自然界所认识的全部东西,比起隐藏在我们认识范围以外的东西来说,尽管只是沧海一粟,但至少也证实了自然界生生不息,永无止境。因为,这不是别的,而正是神的全能的作用本身。无数动物和植物天天都在消亡、死灭,沦为须臾即逝的牺牲品,但是,自然界凭借它那用之不竭的创造能力,一点也不少地又在别的地方造出了别的动物和植物,以填补所留下的空虚。在我们居住的地球上,有很大一片是在一个恰当时期从海洋中升起来的,现在又将重新沉入海底;可是大自然又将在别的地方补偿这个缺陷,使隐藏在海洋深处的其他一些部分升了起来,以便在上面散布新的富饶。同样,各个世界和世界系统也要消灭,湮没在永恒的深渊之中;而与此相反,造化则一直忙于在天空的别处创造新的世界,以此来弥补那些已经消逝的东西。

即使在上帝伟大的创作中,可以有须臾即逝的现象发生,我们也不必惊异。一切有限的东西,一切有开始和起源的东西,它们自身里面就包含着它们是有限的这个本质上的特点;它们一定要消灭,一定有一个终结。一个世界由于它结构的卓越,在其自身中就具有一种时间上能永远持续下去的稳定性,而用我们的概念来衡量,这种稳定性好像接近于无限一样。这个世界也许几千个,甚至几百万个世纪也不会自行毁灭,但是有限的万物的虚幻性却在不断摧残它。所以,尽管永恒在其自身中包含着一切可能长的时期,但通过逐渐的凋敝终将招致世界崩溃的时刻到来。牛顿这位上帝的伟大崇拜者,感到上帝的事业尽善尽美,产生了对上帝的本性的景慕,他把对全能的神的启示所怀抱的无上崇敬,同对卓越的自然界所拥有的最深刻的理会结合了起来。但他也不得不预言,一个世界一定会由于力学运动所赋予它的天然倾向而终将毁灭。如果说一个规则性结构在长时期的逐渐消亡中,会使它的任何可以想象得到的最微小部分趋于混乱状态,那么在无限的永恒历程中必然会到达这样一个时刻,那时这种逐渐的消亡使一切运动都耗散殆尽。

但是,我们不应当把一个世界结构的毁灭,看作是自然界的一个真正损失而表示惋惜。自然界用了这样一种挥霍来显示它的富饶,这种挥霍就是通过有些部分的趋于死亡,使自然界又在它整个尽美尽善的范围内用无数的新生来保障自己不受损失。有多少数不清的花草昆虫被一个冷天毁灭净尽,尽管它们是自然界艺术的光辉作品和上帝全能的证明,它们的消失又算得了什么?而在别的地方,这个损失又得到了超额的补偿。人似乎是造化的杰作,但也逃脱不了这个规律。自然界证明了它能创造出最卓越的生物,正像它能一样丰富、一样不可穷竭地创造出最下贱的东西一样;它还证明了这些东西的毁灭,也不过是在它们各自太阳系所呈现的多样性中必然出现的一个现象,因为要创造它们花费不了它什么。污染的空气的有害作用、地震和洪水把整个整个的民族从地球上消灭掉,但自然界并没有因此而显示出有什么损伤。同样,各个世界和系统在扮完了它们的角色以后,就退出了宇宙舞台。无穷的造化是如此的广大,以致一个世界或者由很多个世界组成的银河同它相比,就像一花一虫与地球相比一样。而当自然界以千变万化的场面来装点永恒时,上帝还是在继续不断地忙于创造,为建造更大的世界准备原料。

　　　　它是万物之主,对什么都一律看待:
　　　　英雄会死去,麻雀也会丧命,

时而是一个水泡破裂,时而毁灭一个世界。

蒲　柏

让我们的眼睛习惯于这些可怕的灾祸,就把它们看作是天意之常,甚至心安理得地来对待它们。事实上,也没有比这种态度更配得上大自然的富饶。因为当一个世界系统在长期持续中历尽了它的结构所可能具有的千变万化,当它终于在事物的链条中成为一个多余的环节的时候,它就很恰当地可比拟为在宇宙不断变化的一出戏中扮演了最后出场的角色。每一有限的事物都要扮演的角色,就是趋向死亡。如前面已设想过的那样,在自然界总体中的一个小的部分就已经显示出它是要死亡的,这是永恒的命运为整个自然界所指定了的一条规律。我还要说一遍,非毁灭不可的东西,即使很大,也丝毫阻止不了这条规律的作用。因为一切大的东西,如果与造化在无限空间中所表现出来的永恒延续的无限性相比,就会变得很小,甚至于变得仿佛只像小小的一个点一样。

各个世界和一切自然物一样,都有一个尽头。看来,这个命中注定的尽头是服从于一定的规律的,而对这条规律的考察将给我们的理论的合理性提供新的特征。按照这条规律,最靠近宇宙中心的世界将最先毁坏,正像世界最先也是在这中心附近开始产生和形成一样。从这里起,败坏和毁灭逐步扩张到距离更远的地方,使所有走完了它的历史行程的世界通过运动的逐渐衰竭,最后被埋葬于一片混沌之中。但另一方面,在已形成的世界的对面一边,自然界则不停地忙于用分散的微粒作为原料在创造许多新的世界。这样,当它在中心附近的一边逐渐衰老时,在另一边则是年轻的,能结出许多新的果实来。按照这种看法,已形成的世界只是局限在自然界已经毁坏的废墟和自然界尚未出现的混沌之间;而且如果我们设想(事实可能也正是这样)一个已经发展到尽善尽美的世界,它的延续的时间可能比它的形成所需要的时间要更长些;那么,不管死亡会不断引起什么样的破坏,宇宙的范围根本还是在扩大。

　　但是我们最后还要谈一谈另一个想法,这个想法可能同上帝创业的做法一样合理。自然界变化的这种描述会使我们感到满意,甚至于万分高兴。自然界既然能够从混沌发展到秩序井然、系统整齐,那么在它由于各种运动衰减而重新陷入混沌之后,难道我们就不能相信,自然界同样又会从这个新的混沌中很容易恢复起来,而把从前的结合更新一番吗?曾经使分散的物质材料得以运动而使它们达到一定秩序的弹簧,当它们随着机器的停止而静止下来以后,难道就不能再由补充的力来使它们重新发生作用,按照同样的普遍规律而互相制约,以达到和谐一致,从而又出现原来的结构吗?只要我们考虑到,当宇宙中的运转运动消耗殆尽,而行星和彗星一齐掉到太阳中去以后,这么许多大的团块同太阳混在一起,使它的火焰大为增加,特别是因为太阳系中较远的星球,根据已经阐明的理论,含有自然界中最轻和最容易着火的物质,那么对这个想法不用多加踌躇就能接受了。因为这一场由于有新的燃料和最易燃烧的物质加进去而变得极其猛烈的大火,毫无疑问,不仅要把一切重新分解为最小的微粒,而且要以与炎热相应的膨胀力,和中间地区的任何阻挠都减弱不了的敏捷,把它们重新送到自然界上一次形成以前它们所占据过的这个广阔的空间中去,使它们在那里散布开来,以便在中心体的火焰由于它的团块几乎全部散失而强度减弱的时候,又在吸引力和排斥力的结合下,以不亚于以前井井有条的秩序重复那些过去的创世过程和有规则地联系起来的各种运动,从而出现一个新的世界结构。如果某一特定的行星系就是这样毁灭了,后来在各种主要的力的作用下又从毁灭中重新创造了出来,而且这出戏能够一再重复几次,那么,终将到达这样一个时期,那时一个以恒星为成员的大的世界系统同样会由于各恒星的运动的衰退而集合在一个混沌之中。这里更没有什么可以怀疑的是,如此无限众多的像这些燃烧的太阳这样的火团联合在一起,再加上它们一连串的行星,将使它们团块的物质为大到无可名状的火焰所熔化，散布到它们原来形成时的空间范围之中，为在那里用同样的力学定律创造新的世界系统提供各种原材料，从而使荒凉的空间又能用各种世界和世界系统来使它活跃起来。这个大自然的火凤凰①之所以自焚，就是为了要从它的灰烬中恢复青春得到重生。如果我们在无限的时间和空间上去追踪它，如果甚至在大自然衰老崩溃的地方，我们看到它不断获得新生，又看到在宇宙的另一边原始物质尚未成形的空间里，正在按照天启的宏图，为着造化的发展，以坚定的步伐向前迈进，以便用它的奇观来填满永恒和一切空间区域，那么，一个对所有这些都经过周密考虑的心灵，将要陷入何等深刻的惊讶！然而他似乎还是要对这个庞然大物感到失望，因为它的无常的性质不能使他的灵魂感到足够满意，因此他愿意对造物主获得更切近的了解；上帝的智慧、它的伟大，等于是这样一个发光之源，它的光仿佛从一个中心向外传布，普照整个自然界。当人们想到自己注定在经历了所有这些变迁之后还要存在下去的时候，人们将对自己的本性多么惊奇和惊讶！人们可以用哲理诗人赞颂永恒的话来对自己说：

> 当世界陆沉，什么都化为乌有，
> 一切都完了，只剩下一片空空；
> 别的星球却还照亮着许多另外的苍穹，
> 可它的行程也有始有终：
> 只有你啊！千秋万代，长生不老，
> 永远年轻，犹如今朝。

冯·哈勒

啊，多么幸福！如果在微粒的纷扰和自然界的废墟中，人们

---

① 火凤凰(phoenix)，西方神话中的神鸟。据说生长在阿拉伯沙漠，寿命长到几百年。最后在香木筑成的巢中自焚而死，然后又从灰烬中重生，开始生命的另一次循环。——译者

总是能够站得那么高,能够从那里看到世间事物旋生旋灭所引起的浩劫,都在他们脚下滚滚而过。这种幸福不是理智本身敢于仰望,而是神的启示教导我们要以充分信心期待着的。一旦注定我们要超脱尘世的变化时刻到来,束缚人类的虚荣的桎梏解除了,那么,不朽的精神将得到解放,不再依附于有限的事物,而将和永恒的上帝同享真正的幸福。整个自然界同神的事业的完成有着普遍的和谐关系,对于那些与这个一切完善性的本源有联系的理性的动物,自然界也不得不使他们永远得到满意。从这个中心观点去看,自然界在各方面都显得完全可靠,完全合理。精神一旦升华到了这样的高度,自然世界的变化景象就不能再干扰它宁静的幸福。当精神事先已经在甜蜜的希望中尝到这种幸福的滋味的时候,它就要满腔热情地歌唱那些终将响彻千秋万代的颂歌来表达自己:

> 当世界大厦一旦毁灭,
> 你的亲手创作也不再日夜分裂,
> 主啊,我那感激不尽的心灵
> 对你永远表示崇敬。
> 我要永世永生
> 歌颂你的全智全能。
> 主啊! 你威力无比,
> 我的诗篇也永唱不完。

艾狄生①

---

① 艾狄生(Joseph Addison,1672—1719),英国散文作家,英国辉格党(后来的"自由党")人,散文以文笔精炼著称,也写过诗歌、戏剧。——译者

荷兰物理学家惠更斯

第七章的补充
关于太阳的一般理论及其历史概况

　　虽然冠以康德-拉普拉斯星云假说的名称,但它们中间是存在着许多差别的。例如拉普拉斯的星云假说是以行星赖以形成的"围绕一个坚固中心运转的雾团"为出发点,康德的假说则比较拉普拉斯进一步,将这个作为原始物质的雾团从最基本的自然条件引申出来。还有,这两种假说在行星形成的看法中的差别,也是非常大的:按照拉普拉斯,原始的太阳星云变冷收缩了,因而增加它的运转速度,并在离心力作用之下,一些物质从太阳中分出来,于是就形成行星;按照康德,大量的宇宙尘埃的质点集中在运转着的太阳赤道上,形成了扁平的星云,这些星云围绕它的中心点并向着同一的方向运动起来,于是就产生了行星和环绕行星运动的卫星。就以彗星的起源来说,也存在着他们中间的不同点:康德提出彗星如行星一样,而且以相同的方式从雾团中产生,他将它的离心力从最遥远的距离中的微弱的吸引力中引申出来;拉普拉斯则认为彗星是一种从其他的世界空间突进行星系的吸引力范围以内的客体。

　　在天体的自然科学和一个完整的天体起源学中,还有一个主要问题必须解决。那就是:为什么每一星系的中心总是一个火焰体?我们的行星系以太阳为中心,而我们所看到的许多恒星,根据所有可能的现象看来,也是一些类似太阳系的星系的中心。

　　在一个世界结构形成的时候,为什么作为吸引中心的物体必将是一个火焰体,而在它吸引范围内的其余星球,则总是些阴冷的天体呢?要理解这一点,只要回忆一下我们前面曾经详细探讨过的世界结构的产生方式就行了。在遥远而广阔的天空里,散布着为天体的形成及其规则性运动所必需的基本物质,这些基本物质都向吸引中心降落;而组成行尾和彗星的物质只是这些基本物质的一小部分,这部分由于其降落运动及其与全部质点的相互作用而恰巧具有所规定的运动方向和所要求的绕转速度。如前所述,在整个下降的物质中,这部分为数极少,而且只是一些挑选出来的密度较大的物质,这些物质由于受到其他物质的阻力作用恰巧能够在运动方向和绕转速度方面达到这样准确的程度。在这下降的混杂物中,有一些飘浮过来的是特别轻的种类,它们受到空间地区中的阻挠,在降落中不能获得周期性运转所必需的速度,以致在疲沓的运动中落到了中心体去。因为这部分较轻而易挥发的物质正是那些使火得以燃烧的物质,所以我们看到,由于添上了这些物质,作为星系中心的物体就变成了一个火焰球。一句话,变成了一个太阳。与此相反,组成行星的物质则较重,它既无活力,又缺乏易于燃烧的微粒,所以只能使行星团块阴冷而僵死,不具备太阳应有的那种性质。

　　由于添加了这种较轻的物质,也就使太阳获得了较小的密度,以至于它比我们的地球——这个从太阳算起第三个行星——在密度上要小四倍。虽然人们会很自然地认为,在世界结构的这个中心,作为这结构的最低点,应该集中着各种最重和

◀ 哥尼斯堡大教堂(即今康德博物馆)

密度最大的物质,以至在没有添加进如此大量的最轻物质的情况下,它的密度也许会超过所有行星的密度。

把较重而密度较大的一类物质同这种最轻而最易挥发的物质混合起来,就为中心体能在表面上燃烧并保持最剧烈的火焰提供了适当的条件①。因为我们知道,当火的燃料中有密度大的物质混合在易挥发的物质中时,火会烧得更旺,比单用那种轻的物质来烧要旺得多。然而,使一些重的一类物质和轻的混合起来,是我们有关天体形成的科学理论的一个必要结论。此外,它还有这样一个作用,那就是猛烈的火焰不至于把表面上能燃烧的物质突然驱散,而且由于易燃物不断从内部向外流出而使之逐渐而经久地得到补充燃料。

在为什么一个大的行星系的中心体是一个火焰球,也就是一个太阳,这个问题解决之后,再花一点时间在这个方面,并对这一天体的状态作进一步的考察,似乎不是多余的。这主要因为,在这里比在对更遥远的天体的情况作研究时,各种推测可以从更有力的根据中推导出来。

我首先要肯定,人们无须怀疑太阳确实是一个火焰体,而不像有些人最初为了要避免某些困难而做出的结论那样,是一个在极大程度上由熔解的和灼热的物质所组成的团块。因为如果人们考虑到,燃烧的火要比任何其他的一种热具有这样一个主要特点,那就是,可以说它自己能起作用,它不会因为分成小堆而减弱或熄灭,反而会因此变得更强更烈,所以只要保持有物质和燃料,就能使它永远燃烧下去。与此相反,一个加热到极大程度的团块的炎热不过是一种可悲的状态,这种热将由于有物质与它接触而不断减弱,而且它自己也没有能力从小的一点开始蔓延出去,或者在它减小时重新活跃起来。所以我说,如果人们把这些都考虑在内,且不说其他理由,就足以看到,太阳作为每

---

① 现代物理学认为,太阳的热和光是太阳中不断进行的由氢聚变为氦的热核反应所提供的。——译者

一世界结构的光和热的源泉,很可能必须赋有火焰体的特性。

如果现在说,我们的太阳或所有的太阳,一般都是火焰体,那么从它们表面首先可以得出的情况就是,在这些表面上必定有空气;因为没有空气火就不能燃烧。这个情况引起了一些值得注意的结果。如果人们先把太阳的空气及其重量同太阳团块相比较,那么就会发现,这种空气是处于何等的压缩状态,具有何等大的能力,足以用它的弹力使火维持在最旺盛的程度上。按照一般推测,在这大气中也有为火焰所分化的物质的烟云上升。毋庸置疑,在这些分化物中含有粗糙而较轻的粒子,当这些粒子上升到一定高度时,由于那里的空气对它们说来较冷,所以就凝成含有沥青和硫黄的大雨而倾盆倒下,为火焰提供新的燃料。正是由于同样的原因,这种大气如同在我们地球上一样,也脱离不了风一样的运动,只是按我们想象力所能及的一切可能现象看来,所有这些运动,其剧烈程度必将远远超过地球上面的运动。如果太阳表面上某一地区,或者由于爆发出来的蒸汽的窒息作用,或者由于燃料供应的减少,火焰有所减弱,那么,这些地区上空的空气就会稍为冷却,而当这些空气收缩时,就会给邻近空气让出一定地方,使邻近的空气膨胀并有余力扩展到这个空间,从而使已经熄灭的火重新燃烧起来。

虽然火焰总是在不断吞咽许多空气,但毫无疑问,太阳周围流动的空气的弹力必将因之而在一定时间内减弱不少。如果我们把哈莱斯①先生经过细心实验所证实的关于火焰在我们大气中的作用应用到这个大范围来,那么,我们可以把从火焰中飞出来的烟粒不断消灭太阳大气的弹性这件事看作问题的症结所在,而要解决这个症结是有困难的。因为,在整个太阳表面上燃烧的火焰夺走了为它的燃烧所必不可少的空气,所以当大部分的太阳大气被吞掉以后,太阳就处于要熄灭的危险之中。不错,

---

① 哈莱斯(Stephen Hales,1677—1761),英国生理学家、发明家。1717 年被选为皇家学会会员。他的著名发明为通风器,可以将新鲜空气引进矿井、船舱、病房等。——译者

火焰也会使某些物质分解而产生空气,但实验证明,任何时候被吞掉的总是比产生的要多。虽然有一部分太阳火焰在起窒息作用的蒸汽下面得不到使火继续燃烧的空气,但是正如我们前面已经说明过的那样,却会有暴风雨把蒸汽驱散,并且尽量把它带走。但总的说来,如果我们考虑到,对于燃烧中的火来说,它所散发的热几乎只是在它上面而很少是在它下面发生作用,那么,这种为燃烧所必需的元素的补偿可用下述方式来解释,即当火焰因上述原因被窒息的时候,它的热度就会倒过来成为低于太阳体内的温度,因而需要有一些似乎是深邃的咽喉,使关闭在它们里面的空气能够向外冲出,从而把火重新吹旺。如果我们自由地——在这样一种未被认识的事物中不能禁止我们有这种自由——假定在这些咽喉里面主要有一些物质,这些物质像硝石那样在有弹性的空气中多得取之不尽,那么,太阳的火焰在非常长的时期内总不愁没有新的空气供应给它。

但是,作为大自然的火炬点燃在世界上的这种无价之宝的火,也有明显的标志可以使人看到:它不是永久的,将来总有一天要熄灭的。最容易挥发的和最细小的物质被剧烈的热驱散以后,就永不复返,但它却使黄道光的物质增加起来。这种最易挥发的细小物质之脱离,不能燃烧的和燃烧过的物质如太阳表面上灰烬之堆积,以及空气之缺乏,使太阳到达它的终结。因为它的火焰总有一天要熄灭,它现在作为整个世界的光明和生命的中心,将来总得让位于永恒的黑暗。但是,太阳的火焰因有新的火坑打开而重新活跃起来,以至在它最后熄灭之前或许要经过几次的死亡和再生。太阳火焰的这种交替进行的或生或灭,也许给一些恒星的时隐时现提供了一种说明。可能有一些太阳,它们已经接近熄灭,但仍几次设法从它们的废墟中复活起来。不管这样一种解释是否受人欢迎,我们显然可以从这观察中看出,由于一切世界系统的完善性总是以这种或那种方式不可避免地要面临崩溃的威胁。因为,一切世界体系终将按照上述规律而在力学布局的倾向下趋向崩溃。然而这种解释却非常值得采纳,因为这种力学布局在混沌中带来了更新的种子。

最后,让我们再来设想一下,仿佛燃烧着的太阳这个极其稀奇的物体就在我们眼前。人们一眼就看到了一片火焰冲天的辽阔火海,看到了到处是狂怒的风暴,它比火海更加凶猛。当这些风暴在它们的海岸上兴起时,忽而把这天体的高原地带遮盖起来,忽而又使它们露了出来;已停止燃烧的岩石,从喷吐烈焰的火焰中伸出可怕的尖峰,它们或者被飘扬的火焰掩盖起来,或者被它吐露出来,这就引起太阳黑子①的时而出现,时而消失;浓厚的蒸汽把火窒息,又因暴风升起而形成乌云,这种乌云又突然化为火流骤雨,向下降落,犹如汹涌的急流从太阳上陆地②的高处直向燃烧着的深谷浇去;质点轰然破裂;物质成堆烧成灰烬,自然正在与毁灭作斗争;但正是这自然界自身在它最可怕的解体状态中给世界带来了美丽,给一切生物带来了好处。

如果所有大的世界系统的中心是一些在燃烧中的火焰体,那么,那个由许多恒星组成的无限庞大的星系的中心更是一个火焰体了。这个天体必须具有与其星系大小相称的质量,而如果它是一个自发光体或者说是一个太阳,那么,是不是因为它特别明亮、特别巨大而能为我们的眼睛所看到? 可是在满天星斗中我们看不到有这样一个特别不同的恒星在闪闪发光。事实上,情况即使不是这样,人们也不必为之惊奇。因为如果它的大小超过我们的太阳 10000 倍,并且假定它的距离比天狼星远100 倍,它还是不能显得比天狼星更大更亮。

---

① 太阳黑子,指太阳表层上出现的斑点,温度比周围低 1500℃ 左右,比周围暗淡。黑子常常成群出现,而且发展成为两个具有相反磁极的大黑子。大黑子周围还有一些小黑子,以后缓缓消逝。黑子生存时间平均只有几天,少数大黑子可以存在几个月以至一年。大黑子和黑子群出现以后,地球的磁场强烈变化,地球大气上层的电离层也被扰乱,影响无线电通信。——译者

② 我不是没有理由地说太阳上的陆地是高低不平的。如同在我们地球上和其他天体上所见到的那样,它也有崇山和深谷。天体在从液体状态变到固体状态的形成过程中,必然会促成其表面产生这种高低不平。当天体表面凝固的时候,它内部某些液状物质还在按重力的大小向中心下沉,因此混杂在这些物质中的弹性空气元素或火元素的质点就被逐出而聚集在当时已凝固的外壳的下面,从而在这外壳下面产生许多与太阳团块大小比例相称的庞大空穴,最后所设想的最上面外壳经过各种曲折陷了进去,以至于既产生了崇山和高原地带,又产生了深谷和辽阔火海的河床。——作者

然而，也许将来有一天至少会发现这样一个地方，那里是我们的太阳所隶属的恒星系的中心所在[①]，或者甚至于能确定人们必须朝着哪个方向去发现那个宇宙中所有组成部分都向它降落的宇宙中心。至于整个宇宙的这一基本星球具有怎样一种情况，以及它上面有哪些东西，我们宁愿留给达勒姆郡的莱特先生去决定，他沉溺于宗教的虔诚，把一个像上帝那样具有精神吸力和斥力的有力神灵，扶上这个幸运的地方，仿佛让它登上整个自然的皇位，使它在周围的无限范围内发生作用，把一切美德吸引过来，而把所有邪恶排斥出去。我们不愿意言过其实地把我们的猜测发展到了任意捏造的地步。但是神在整个无限宇宙空间里是到处显现着的；不论哪里，凡是能超越对创造物的依赖而达到与至高无上者共存的自然物所在的地方，它就在近旁。它的力量贯穿着整个宇宙，但是只有这种既懂得使自己超脱一切创造物，又那么崇高，以致能看到只有从这个完善性的本源中才能享受到最大幸福的自然物，才能比整个自然界中任何别的东西更加接近这个真正具有一切完善性的参考点。此外，如果我不想参与这位英国人的痴心妄想，而要根据各级精神世界居住的地方对宇宙中心的自然关系，来对它们进行一些推测的话，那么，我将认为在离这中心点较远的地方比之较近的地方更有可能找到最完善的理性生物。天赋理性的生物的完善性，就其与

---

　　① 我有一个猜测，觉得天狼星似乎很可能是银河系的中心，而且它占有一切都以它为参考的中心位置。如果我们根据本文第一部分的设想把这系统看作一群麇集的太阳，这些太阳聚集在一个共同面上，而且从这面的中心向各方面散开，但却形成某一个好比圆形的空间，这空间由于共同面与关系平面稍有偏离而在宽度上向两边略为伸展。那么，同样也处于这平面附近的我们的太阳，将在离这系统的最外边缘最近的方向上看到这个闪耀白光的圆形地带的形象最为宽阔。因为不难推测，它并不会恰巧处于中心地点。而在银河带中，天鹅星座和人马星座之间的那部分最为宽阔，因此这个方向就是我们的太阳最接近这个圆形星系外围的地方；而且在这部分中，我们特别认为天鹰星座、狐狸星座与天鹅星座所在的地方最为接近，因为就在这里从银河把自己分开的空隙中将看到各星系的表观分散情况最大。因此，如果我们大致从天鹰座尾部附近的地方画一条线通过银河面正中而到达对面那一点，那么这条线必须穿过银河系的中心点，而且它确实恰巧穿过天狼星这颗整个天空中最亮的星。由于这个缘故，再加上它的优越形状，人们似乎值得把它看作是中心体本身。根据这个见解，在天鹰座尾部与关系平面稍有偏离的我们的太阳，如果它的位置不使中心点对银河带的另一边引起光学差异，那么也许正好在这带中能看到这个中心体。——作者

物质状态的依赖关系来说（有理性的生物是不得不与这种物质相结合的），完全决定于物质的精细程度，而物质精细程度的影响决定着理性生物对世界的想象和对这种想象的反作用。物质的迟钝和阻力，极大地限制了理性生物能自由地发挥作用和清楚地感觉外界事物，它们的能力由于运动不够灵便而变得迟钝不堪。因此，如果我们以我们太阳系里所存在的情况作类比，假定靠近大自然中心的是密度最大和最重的物质，反之离中心越远，物质的精细和轻巧程度就越大，那么得出这种结果是可以理解的。情况也很可能就是如此。理性生物，当它们的出生地和住处离宇宙中心较近时，浑身都是僵硬、行动不灵的物质，这种物质使它们的能力受到不可克服的迟钝的限制，而且同样不能使它们以必要的明确和灵敏来接受和表达它们对宇宙万物所产生的印象。因此，人们将把这种能思维的生物看作是低级的；与此相反，随着与共同中心距离的增加，根据精神世界对物质状态的不同依赖性，精神世界的完善性将犹如某种阶梯那样也在增长。根据这种结论，必须设想，最低级、最不完善的能思维的生物的所在地，更接近于万物皆向之下坠的中心点地方，生物的完善性将经过一切逐渐降低的阶段而终于完全丧失思维的能力。事实上，如果人们考虑到，大自然的中心同时也是大自然从原始物质中形成的开始点，又是它与混沌划分界限的所在处，如果此外人们又假定能思维的生物的完善性确实有一个表示它从此开始的最外在的界限，在那里它的能力刚巧与无理性的生物相衔接，但这不是这些能力为其继续发展所不能超越的界限，而完全是可以向一边无限地发展的，那么，如果有一条规律，按照这条规律理性生物的居住地点是按它们与共同中心点关系的顺序来安排的，人们就必定会把那最低级、最不完善的一种，也就是能思维的生物的始祖，安排在这个称为整个宇宙的开始点，以便与宇宙一同在前进中用无限发展的思维能力的完善性来填满时间和空间上的一切无限性，从而使之逐渐接近于最完善的境界，也就是接近于神，但是永远也达不到神的境界。

美国宇航员艾伦·比恩登月自画像

第 八 章
关于宇宙布局的力学理论体系
的正确性，特别是关于当代力学
理论体系的可靠性的一般证明

笛卡儿和牛顿以后的行星起源假说中，对于康德直接发生影响的，是法国天文学家布丰和英国天文学家莱特。布丰的太阳系起源理论和莱特的宇宙系统构成理论，都在康德创立自己的星云假说过程中给他许多启发。康德自己认为莱特是他的理论的先行者，并且认为他与他们的理论的关系是不可分割的。

　　人们如果不认识宇宙结构的最妥善的安排,不认识上帝的圣手神功在宇宙的完善关系中的明显痕迹,就不会对宇宙肃然起敬。理性在考虑和赞赏了这么多的美丽和卓越景象之后,有理由要对擅自把所有的这些归之于一种巧合或者侥幸的偶然的那种鲁莽愚昧行为感到愤怒。必然的是至高的智慧做了设计,而一种无穷的力量把它付诸实现,否则就不可能在宇宙结构中有这么许多的意图会汇合到一个目标上来。现在的问题,就在于去辨别宇宙的安排设计,是否已由最高智力纳入永恒自然的根本规定之中,并扎根于一般的运动规律之上,使宇宙得由此以一种与最完善的秩序相适应的方式自由地发展;或者还是宇宙各个组成部分的一般特性完全无能趋于一致,也丝毫没有相互连结的关系,因而完全要求助于外来之手,以达到显示完善与美丽的相互制约和相互联系。大多数哲学家,抱有一种几乎是普遍的成见,认为大自然从它的一般规律中得不出什么像样的东西来,这正好像人们从自然力中去探索宇宙的原始形成时,就来否认上帝对于宇宙的统治一样,认为这种原始的形成似乎是一个与神无关的本源,只是一种永恒的盲目命运。

　　但是我们会考虑到,大自然和那些规定物质相互作用的永恒规律,不是独立的和没有依赖上帝的必要的那个本源;又考虑到,正是因为大自然从普遍规律得出的东西中显示出这么多的协调和秩序,所以一切事物的本质,必定有某一个基本本质作为它的共同起源;还考虑到,这些事物由于它们的特性来源于唯一的一个最高智力,因而所显示的都是些相互关系与和谐,而这最高智力的明哲思想,把这些特性设计在一般关系之中,并赋予它们一种能力,使它们在任其自然地起作用的情况下创造出纯粹的美和秩序。总之,如果我们考虑到上述的一切,那么对于我们来说,自然界就要比通常看来更为可贵,从它的发展中所能期待

◀ 哥尼斯堡大学创始人阿尔布雷希特雕像

的只能是协调一致和秩序井然。相反，如果我们抱有毫无根据的成见，认为一般的自然规律本身只能促成紊乱，而在自然界的结构中所呈现出来的一切有益的协调，则直接显示了上帝之手的作用，那么，我们就不得不把整个自然界看做一种奇迹；就会认为不应当把雨滴分解阳光而出现的绚丽彩虹，有用的雨，能满足人类无数需要而有种种好处的风，一句话，把凡是带来合理和秩序的一切宇宙变化，都看作是从物质所固有的力中推导出来的。致力于这后一种哲学研究的自然科学者，一开始就得在宗教裁判席前恭恭敬敬地请罪。因为按照他们的看法，实际上今后将不再有什么自然界，而只要有一个上帝仿佛在机器里促成宇宙的变化就行了。但是用这种奇特的方法来从大自然的根本无能中证明至高无上者确实存在，怎么能使伊壁鸠鲁学派承认自己的错误呢？如果事物的本性，通过事物本质的永恒规律只能造成紊乱与不合理，那么，正是这样证明了它们与上帝无关；如果普遍的自然规律只是出于一种强制而对神表示服从，而实际上对其最明哲的设计是采取反抗态度的，那么，我们对于这样一种神又怎么来理解呢？对于以上这些错误的基本论点，难道神意的敌人不能战胜它们，正如他们能够指出自然界的普遍作用规律，在没有种种特殊限制的情况下，能够产生协调一致一样？难道他们还缺乏这类例证吗？不。因此我们可以更合理更正确地得出结论说，听任其一般特性支配的自然界，是能够大量地结出美满而完善的果实的，这些果实不但显示其自身的协调和卓越性，而且还与自然界的全部本质、人类的利益和对神性的颂扬都十分相容。由此可见，它的主要特性不可能互不相关，而必然起源于唯一的一个作为一切本质的基础和源泉的最高智力，这个最高智力把这些主要特性设计在一个共同的关系之中。所有相互处于协调中的一切事物，必定在一个通通与之有关的唯一的本质中互相连结起来。所以存在着一个所有本质的本质，一个无限的智力和独立的智慧，从这个所有本质的本质，自然界也就在整个安排的总体中按其可能而产生了。现在我们虽不能否认有不利于至高无上者存在的这种自然的能力,但这种自然的能力发展得越完善,它的普遍规律引出的秩序和协调越美满,那就越是肯定这些情况都是来自于神性。这些情况的产生不再是偶然的作用和巧合的结果;一切将按照不变的规律从神那里发源出来,因此,这些规律必定代表着许多的机巧,因为它们都具有最明智的、有条不紊的设计的许多特征。不是卢克莱修的原子的偶然集合构成了世界;而是以最明哲的智力为源泉的固有的力和定律,才是产生秩序的不变根源,而这种秩序绝不是由于偶然而是必然地从力和规律那里得出来的。

所以,如果我们能摆脱陈旧而无根据的成见和腐朽的哲学,这种哲学以其伪善面目力图隐藏其愚昧无知,那么,我希望在不相矛盾的基础上能建立起这样一个可靠的信念,即从一般自然规律得出的机械的发展是宇宙结构的起源,而且我们所设想的这种机械的发展方式是一种真实的方式。如果我们要对自然界是否有足够能力通过它的运动规律的机械发展来促成宇宙的安排做出判断,那我们就得先考虑到,天体所遵循的运动是何等的简单,而且这些运动并不比自然力的一般规律所要求的更为复杂而需要进一步加以测定。绕行运动是由降落力和发射运动这两者所组成。降落力是物质特性的某种结果,而发射运动可以看作是这种力的作用,可以看作是一种由于降落而获得的速度,在这速度里只要有某一种起作用的原因,就能使垂直降落运动向旁边偏弯出去。这些运动一旦达到了规定的要求,就不需要再有什么东西来永远维持它们。它们在空的空间里,通过一下子被推动的发射力与主要的自然力所发生的吸引作用相结合而保存下去,而且以后就不再经受任何变化。单从这些运动相互符合一致这种类比上,已够清楚地表明了它们起源于力学的真实性,以至人们对之根本不用怀疑。因为:

1. 这些运动具有普遍一致的方向,以至于六个主要行星和十个卫星,无论就其向前移动还是绕轴转动来说,没有一个不是从西向东、朝着相反方向运动。再则,这些方向又是彼此符合得如此准确，乃至它们与一个共同平面只有很小一点偏差。而一切都以之为参考的这个平面，就是这一天体的赤道平面，这个天体处在整个系统的中心，正在以同一方向绕轴转动，而且由于它优越的吸引作用便成为一切运动的参考点，因而也必然会尽可能正确地参与这些运动。这就证明了全部运动是根据一般自然规律的力学方式而产生并规定的；又证明了推动或引起旁向运动的原因统治着整个行星系空间，而且服从于在这空间中做共同运动的物质所遵循的一些规律，以致最后所有不同的运动都将取得唯一的一个方向，而且它们都将尽可能正确地以唯一的一个平面为其参考平面。

2. 因为：这些速度必然本来就发生在这样一个空间中，在那里引起运动的力是在中心点上，也就是说，它随着与中心点距离的增加而在程度上不断减小，以至在很远很远的地方就消失在完全衰败的状态之中，在那里只能使垂直降落运动很少向旁弯曲。水星得到的离心力最大，从它开始，我们看到这力在逐步减小，而到了最外边的一个彗星，这力已经小到只是不使它掉入太阳中去。在圆周运动中，向心运动的规律要求越是接近共同的降落中心，绕转速度必然越大，人们对此是无可非议的；因为否则接近中心的一些天体，它们的轨道为什么必定是圆形的呢？邻近中心的一些天体的环绕运动为什么不是很偏心，而较远的一些为什么又不是圆形的呢？或者不如问，由于它们都与正确的几何精确性[1]有所偏离，那么这种偏离为什么会随着距离的增加而增加呢？难道这些情况不正表明有这么一个点，对它来说，一切运动，在其他许多规定把它们的方向改变到目前的方向上来以前，原来都在向它涌去，而且离它越近，涌去的程度也越大吗？

但是，如果我们现在不想把宇宙的结构和运动的起源归之于一般的自然规律，而把它们直接归之于上帝之手，那么，我们马上就会觉察到，上面所引用的类比显然是与这种想法矛盾的。

---

① 此处指圆形轨道。——编者

因为首先就运动方向的普遍一致而论,这里显然没有理由可以说明,为什么这些天体必定要把它们的绕转运动恰巧都朝向唯一的一个方向,而产生这些运动的机构却并不规定它们一定要如此去做。其次,因为天体在其中运动的空间的阻挠作用无限地小,就不会把天体的运动只限于朝着这一边或者朝着那一边,所以如果上帝的选择没有一点动机,就不会只限于唯一的一个规定的方向,而会有更多的自由显现出各种各样的变化和差别。此外,为什么所有行星的轨道都很精确地和一个共同平面发生关系,而这平面就是那个处于中心而控制着所有绕行运动的巨大天体的赤道平面呢?这一类比并不显示出一种合乎理性的动机本身,而恰恰是引起某种混乱的原因,但是这种混乱也许可以为行星轨道的自由偏离所消除;因为行星的相互吸引现在多少破坏了它们运动的均一性,而且如果这些行星轨道不是很精确地与一共同平面有关,它们就根本不会互相阻挠。

　　大自然插手的最清楚的标志,比所有这些类比更加明显的,莫过于在下列一些情况中曾经试图达到而没有达到的最精确的安排了。把行星的轨道安排在近乎一个共同的平面上,如果这样做应该是最好的话,那么,它们为什么不是完全精确地在一个平面上呢?而且为什么它们之中有一部分要留下一些应该可以避免的偏差呢?如果因为要留下一些偏差,那些靠近太阳轨道的行星就得到了足以维持与吸引力相平衡的离心力,那么,为什么这个平衡不是那么十全十美呢?而且如果在最大力量的支持下,力求达到这个安排是最明智的意图,那么,行星的绕行运动为什么不是完全的圆形呢?难道还不能清楚看到,那个力图把这些天体的轨道安排在一共同平面上的原因,完全不能做到这点;而同时,那个支配整个天宇的力,当所有现已组成天体的物质得到了旋转速度以后,虽然在中心点附近力图与降落力处于平衡状态之中,但是总不能达到完全精确的平衡吗?是不是从这里就可以认识到,自然界的通常做法往往会由于穿插进其他各种作用而与完全精确的规定有所不同呢?而且是不是只能在最高意志直接制定的最终目的中去寻找这种情况的原因呢？人们如果不是固执不化，就不能否认，对于自然特性用它们的实用性作为理由的，这种值得称颂的解释实际上在这里是经不起考验的。显然，对于宇宙的实用性来说，不论行星轨道完全呈现圆形或者稍微有所偏心，不论它们与它们的共同关系平面应该完全吻合，或者应该与之稍有偏离，都完全一样。事情倒是，如果确实需要这样的一些协调，那就最好使它们完全实现。如果确实像哲学家所说的那样，上帝不断地在运用几何学，而且也在一般自然规律中显示出这一点，那么，这条规律就一定在全能者的意志的直接作品中完全可以觉察到，而这些作品本身也许会显示出几何精确度的一切完整性来。彗星是自然界的这些缺陷之一。从彗星的运行和它们在运行中所显示的变化来看，人们不能否认，应该把它们看作是宇宙中不完善的一批成员，它们既不能成为理性生物的舒适住所，又不能对整个行星系有什么裨益，有如人们所猜想的那样，它们将来总有一天要充当太阳的养料；可以肯定地说，它们中的大多数不会在整个行星系崩溃之前达到这个充当养料的目的。对于认为宇宙不是从普遍的自然规律中自然地发展起来，而是一种直接的最高安排这种科学理论来说，这样一种解说虽然是肯定的，但也许还是和它有些抵触的。唯独力学的解释方式才颂扬了宇宙之美，同样也颂扬了神的启示的万能。自然界含有各色各样不同等级的多样性，它包罗万象，从完善的一直到乌有；缺陷本身是过于丰富的一种标志，由于过于丰富，所以自然界的总体是取之不尽，用之不竭的。

可以相信，上面引用的类比将能越过一切成见而使宇宙的力学起源变为值得接受的东西，如果不是还有某些来自事物本性的理由与这个理论体系似乎完全相矛盾的话。像多次设想过的那样，天宇是空的，或者至多是充满了无限稀薄的物质，以致提不出什么能使各个天体开始共同发生运动的方法。这个困难如此严重，存在如此之久，以至不得不使那位有理由比任何其他一个世人都更相信自己的哲学观点的牛顿，在这里不顾这种表明力学起源的协调,放弃了用自然规律和物质的力来解决行星所固有的离心力的推动问题的希望。虽然对于一位哲学家来说,在复杂而离开简单的基本规律还相当远的情况下,不去钻研而满足于提出上帝的直接意志来,是一个苦恼的决断,但牛顿在这里还是看出了自然和上帝的手指之间,以及前者所引进的规律的进程和后者的指示之间的界限。这位伟大哲学家尚且感到绝望,别人还想在困难中顺利前进,那似乎未免胆大妄想了。

离心力的方向和规定性促成了宇宙有条不紊的系统性,但是要根据自然力来理解所给予天体的离心力曾使牛顿感到绝望,然而这个困难却是我们上几章所阐述的理论体系的源泉。我们在这体系上建立起一个力学的科学理论,但是这一理论与牛顿认为不充分的那个理论相差非常之远。牛顿为此抛弃了一切次要的原因,因为他(如果我可以擅自这样说的话)误认为那理论是所有这一类可能的方式中唯一的一个。甚至利用牛顿的困难,我们也能很容易而且很自然地通过简短而彻底的推论,来说明本书中所拟定的力学的解释方式是正确可靠的。如果假定(我们不得不如此认为)上面一些类比,都最可靠地说明了天体的那些和谐而彼此有条不紊的相关运动,以及它们的轨道都指出有一个自然原因作为天体的起源,那么,这个原因就不可能是现在充满宇宙空间的那些物质。所以,以前曾经充满过这些空间的物质,在它们聚集成天体,把空间打扫干净以后,使之有如现在那样空洞无物,那么,正是这种物质的运动才是这些天体目前作轨道运动的原因。或者由此可以直接得出,构成行星、彗星,甚至太阳的物质本身,开始时必定曾经分散在行星系所在的空间,并处于运动状态之中,而当它们聚合成特殊的团块而形成天体时,还保持着这种运动状态,这些天体囊括了以前的一切分散物质。这里,人们并没有为发现一架能给物质以运动的推动机而长期感到窘迫。促成物质聚集的推动力本身,主要是物质所固有的引力,因而在大自然第一次激动时也就成了物质运动的原始原因,而引力就是这种运动的源泉。至于这种力的方向总是恰好指向中心，在这里则毋庸置疑。因为可以肯定，分散的物质微粒，在运动中既由于吸引中心多，又由于运动轨道交错而互相引起阻碍作用，必将使其垂直运动变为各种不同的偏向旁边的运动。在这些偏旁运动中有某种自然规律，它使所有因相互作用而受到限制的物质最后达到一种状态，这时一种物质尽可能不使另一种发生变化，它既促成运动方向一致，又使速度大小在任何距离上与中心力相称。在这方向和速度的结合下，因为所有物质微粒不但都朝着一个方向，而且几乎都在稀薄的天空中围绕一个共同降落中心作平行而自由的圆轨道运动，所以这些微粒不至于会向上或向下流散出去。这些微粒的这种运动，在它们构成行星以后，必然还要延续下去，而且在所赋予的离心力和向心力的结合下，将无限期地保持下去。行星轨道方向的一致，对一个共同平面的精确关系，离心力与所在位置吸引力的相适应，这些类比随距离而递减的精确，以及最外面的天体向两边和向相反方向的自由偏离，所有这些现象都是建立在这个不难理解的道理上的。如果这些表示相互依赖关系的现象，在产生宇宙的安排中明显而可靠地标明有一种布满整个空间的原来运动着的物质存在，那么，在现今完全空的天空里，除了构成行星、太阳、彗星的物质而外不存在任何其他物质，这一事实就证明了构成这些天体的物质本身，开始时必定是布满着整个空间的。从这一设想的基本观点出发，我们在前面几章中就轻而易举地、正确地导出了宇宙的各种现象；我们之所以能够如此做，正表明这种猜测的合理，因而我们对它的评价也不能是任意的了。

关于宇宙的起源，特别是我们太阳系的起源的力学理论，当我们考虑到天体本身的形成，它们的重量和大小与其离吸引中心的远近有一定的比例关系时，这理论的可靠性就达到了令人信服的高度。因为第一，如果我们从它们总的团块来看，它们的物质密度是随着与太阳距离的增加而在不断减小。这一规定非常清晰地说明了天体的原始形成是一种力学的安排，以至我们对此再也不能有更多的要求。在那些聚合成天体的物质之中，较重的一类处在离公共降落点较近的地方,较轻的则处在距离较远的地方。这是在天体自然形成的各种方式中一个必然的条件。但是在直接来自上帝意志的一个安排中,却找不到丝毫理由可以说明我们所设想的这种情况。因为虽然较远的天体似乎是由较轻的物质构成,以便从阳光的微弱力量中获得必要的作用,但是这种作用只能影响团块表面的物质状况,而不能影响团块内部的物质状况。太阳的热量对内部的物质从未产生过什么作用,即使是对行星的吸引作用也没有发生过什么影响。这种吸引作用应该使太阳周围的天体都向它降落。因此,内部的物质对于太阳辐射的强弱丝毫没有关系。所以,如果我们问,为什么牛顿从他的精确计算中得到的地球、木星和土星的密度之比为 400、94.5 和 64 之比,那么,把原因归之于上帝的意图,认为上帝按照太阳热量的强弱程度在调节密度,这样的说法是没有道理的。因为我们的地球就是一个反证。太阳辐射对于地球只作用到其表面下很浅的部分,地球团块稍微受到辐射影响的那部分,远不及整个团块的百万分之一。对于其余部分,这个意图是完全无关重要的。因此,如果构成天体的物质彼此之间具有与距离相适应的正确关系,而且如果行星由于在空的空间中遥遥相隔而不能相互制约,那么构成它们的物质先前一定曾经处于这样一种状态,那时它们相互发生作用,使自己限制在与密度相适应的位置上。这只能这样来做到,在天体形成以前,它们的各部分曾分散在行星系的整个空间之中,并按照一般的运动规律获得了与其密度相适应的位置,而不可能用其他方法来做到。

行星团块的大小随距离的增加而增加的比例关系,乃是清楚证明天体是力学构成的第二个理由,特别是它证明了我们关于天体的形成的理论。为什么天体的质量大致要随距离的增加而增加呢?如果我们追随这样一种理论,把一切归之于上帝的选择,那么,我们就无法解释为什么较远的一些行星质量较大,除非因为它们吸引力特别强大,能够在它们的周围捕获一个或几个卫星,以使它们上面的居民住得舒适。但是如果仅仅是为了这个目的,那么也可以用团块内部的密度特别大来达到,又何必一定要用由特殊原因而来的而且与这情况相反的轻的物质来达到呢？又何必一定要用体积的庞大来使上面的星体质量比下面的重呢？如果我们不去考虑这些物体的自然形成方式，那就很难对这些情况提出任何理由，但是如果考虑到了，那就没有什么能比这种安排更容易理解的了。当组成各天体的物质还分散在行星系的空间时，吸引力使这些微粒形成球体。毫无疑问，如果球体的形成范围离开共同中心体越远，球体必定越大，而中心体从整个空间的中心出发，以其特别强大的吸引作用尽其可能给微粒的这种结合以限制和阻挡。

人们满意地看到，为天体轨道所分开的空间宽度是天体原先由分散的物质所组成的标志。根据这一见解，这些轨道之间的空间必须看作是空的区域，天体在形成时曾经从这里汲取过物质。人们看到，天体轨道之间的这些空间与形成天体的物质的多少何等有关。木星与火星两轨道之间的空间，其宽度之大足以使它超过所有下层行星轨道之间的空间的总和。唯独这个空间无愧于所有行星中最大的一个，其中质量超过其他空间中的质量的总和。我们不能把木星与火星之间这样大的距离看作是其目的在于尽可能不妨碍它们的相互吸引。因为要是按照这种假定，两个轨道之间的一个行星总是要靠近另一个行星，这另一个行星的吸引与它的吸引结合起来将使双方的绕日转动受到的干扰最小。因此，它总是要靠近质量最小的那另一个行星。由于现在根据牛顿的精确计算，通过相互吸引，木星对火星运动所施加的力，与木星对土星所施加的力之比有如 $1/12912$ 与 $1/200$ 之比，所以，如果认为它们之间的距离不是决定于产生它们的力学结构，而是决定于它们的外部关系，那么我们就很容易算出，木星靠近火星的轨道应该比土星靠近它的轨道近多少。然而实际情况却并非如此，因为位于上下两个轨道之间的一条行星轨道，往往离质量较小的行星所绕行的轨道，比离质量较大的行星的轨道要远。但每一行星轨道周围的空间宽度总是与该行星的质量有一正确的比例关系，所以很明显，这些比例关系必定是由行星的产生方式所规定，而且由于这些规定似乎像因和果一样互相联系着的,所以我们把轨道之间的空间看作形成行星的物质的容器,最为恰当。由此可以直接得出,它们的大小必将与行星的质量成正比,但对较远的行星来说,这一比例将由于这里的基本物质在原始状态中更加分散而要变大。因此就两个质量几乎相等的行星而论,较远的一个行星所需要的形成空间,即其相邻两轨道之间的距离,必定较大,因为一则那里的物质密度较小,再则那里的物质比距太阳较近的更分散。因此,虽然地球连同它的月球一起,体积似乎不及金星大,可是它仍然要求在它周围有一个较大的形成空间,因为它比下面那个行星需要更分散的物质来组成。由于同样的原因,可以猜想土星的形成空间,其远的一边比靠近中心点的一边伸展得更遥远(所有行星几乎都这样);因而土星轨道和它上面相邻的一个天体(如果我们可以这样猜想的话)的轨道之间的空间要比土星和木星之间的空间宽得多。

所以,在行星的世界结构中,一切都以与原始创造力有关的正确关系逐步向前推进,一直到任何无穷远处,而这种原始创造力在中心点附近比远处作用更大。被推动的发射力的减小、轨道的方向和位置与最精确的协调一致的偏离、天体的密度、大自然对天体的形成空间的节约利用,这一切都是从中心向远处逐渐减小的。所有这些都表明,其原始原因与运动的力学规律有关,而不是由于自由的选择。

然而,比其他任何东西更能清楚说明天体由原始分散在天空中的基本物质所自然形成的,是我从德·布丰先生那里得来的那种对于协调一致的意见,但是这种意见在他的理论中远没有像在我们的理论中这样有用。因为根据他的说法,如果我们把这些行星,如土星、木星、地球和月亮的根据计算可以得出的质量,一齐加起来,那么,它们就共同组成一个团块,其密度与太阳密度之比,约为 640:650。由于它们在行星系中是主要成员,其余如火星、金星和水星就几乎没有计算的价值了,所以,如果把整个行星系当作一个团块,人们就有理由要对其物质与太阳物质大小竟会如此明显相等感到惊奇。如果把这种类比归之于偶然,认为在物质千差万别的情况下——仅在地球上就能找到一些密度相差一万五千倍以上的物质——总的说来，它还是可以接近于 1∶1，那未免是一种不负责任的轻率。而且人们必须承认，如果把太阳看作一个由各种在行星系中互相分开的物质组成的混合体，那么就可以看出，所有这些天体似乎都是在这样一个空间中形成的，在这空间中原先装满着均匀分布的物质，这些物质不加区别地集中到中心体上，但在形成行星中，则是按照高低程度来划分的。我把这种奇特的协调一致留给那些不同意天体由力学构成的人们，如果他们认为可能，就让他们从上帝的选择的动机中去解释吧。关于宇宙是从自然力中发展起来的这样一个再清楚不过的事实，我不打算给予更多的证明了。如果一个人在如此众多的确凿证据面前还是无动于衷，那么，他必然是成见太深，或者是完全无力超越混乱的看法而升高到用纯洁的真理来考察问题。如果说，宇宙结构在它一切有利于理性生物的联系中所表现出来的协调一致，似乎不外以纯粹的一般自然规律为根据，那么可以相信，除白痴而外（人们不要想得到他们的赞助），谁也不能否认这种理论的正确性。人们有理由相信，那些为了一个高尚目标而做出的灵巧安排，其创造者必定是贤明的理智；同时如果考虑到，由于事物的本性正来自于这个本源，因而它们的主要而普遍的特性必然是自然地倾向于合理和互相一致，人们也就会感到十分满意了。所以，当人们看到有利于生物各种利益的宇宙结构的安排，并归之于从一般自然规律中得出的自然结果时，也就不应当感到意外。因为从这些规律中所得出的，既不是盲目性的偶然作用，也不是不可理解的必然作用；归根到底，还是最高智慧使一般情况达到了一致。这个结论是完全正确的：如果在宇宙的结构中显露出秩序和美丽，那就是上帝。然而另一个结论的正确性也不亚于前者，这另一个结论是：如果这种秩序可以由普遍的自然规律中推导出来，那么整个自然必定是最高智慧在起作用。

但是，如果人们完全随心所欲地把包罗和谐与有用目的的自然的一切安排，认为是上帝智慧的直接作用，而不相信宇宙的发展会从普遍的运动规律中得到协调一致的结果，那么，为了使他们从这一成见中一下子能摆脱出来，我愿奉劝他们，在观察宇宙时，不要把他们的眼光只对着一个天体而应该对着全部天体。如果认为地球自转轴的位置，出于可爱的四季的变化而与地球绕日运动的平面有所倾斜，就是上帝直接插手的一个证明，那么，只要把其他天体的情况比较一下，我们就会看到，每个天体的转轴位置是不同的，而且在这些不同之中也有一些转轴并不倾斜。例如木星的转轴就是和它的轨道平面相垂直，而火星的则几乎是垂直于其轨道平面；两者都没有季节性的变化，但却和其他天体一样都是最高智慧的作品。在整个太阳系中，只有土星、木星和地球有卫星，如果这种与其余行星有所不同的自由偏离情况，并不意味着自然界在其自由行动中没有受到特别强有力的干扰而做出的一些规定，那么这种有无卫星伴随的情况，似乎就是至高无上者的一种特别安排了。木星有四个卫星，土星有五个，地球有一个，其余的则一个也没有，虽然后者因为黑夜较长而似乎比前者更需要有卫星。如果我们把推动行星的离心力和行星各自距离上的向心力恰好相等，认为是行星绕日运动之所以几乎是圆形的以及太阳的热量不断地传到理性生物住处的原因，并把它看作是全能者的直接插手，那么，当我们考虑到这些行星的情况是在逐步递减而终于消失在天空的深处，而且正是这个对行星的递减运动曾经感到满意的最高智慧也并不排除种种缺陷时，我们就一下子被带回到大自然的一般规律上来了。而在整个宇宙系统完全到达不规则和无秩序以后就此告终。自然界虽然有到达完善和秩序的安排，但在它的多样性范围内却包含着一切可能的变化，甚至于有许多的缺陷和偏差。正是由于自然界这样的无限丰富，所以，无论是有人居住的天体或者是彗星，既有有益世间的丘陵山岳，又有危害众生的断崖绝壁；既有可供居住的田野，又有荒无人烟的沙漠；既有善良与美德，又有凶暴与邪恶。

威廉·赫歇尔的48英寸反射式望远镜

这架望远镜是1786年赫歇尔所制，是当时世界上最大的反射式望远镜，被称为
赫歇尔的"大炮"。赫歇尔正是凭借他的先进设备看到了比康德所见更深更广的太空世界。

第 三 部 分

以人的性质的类比为基础对不同
行星上的居民进行比较的一个尝试

• Third Part •

　　近代的宇宙起源论,自从哥白尼创立太阳中心说以后,经过开普勒、伽利略和牛顿,已经有了一定的科学基础。牛顿不仅发现了控制天体运行的万有引力定律,并且建立了天体力学这门新的科学。然而牛顿却断言,天体运动以及太阳系的形成来自"神的第一次推动"。

谁知道宇宙各个部分之间的关系，
谁认识所有太阳和各行星的轨径，
谁了解每个星球上不同的居民，
谁才能理解和说明
万物的现状和原因。

蒲 柏

附　　录
关于星球上的居民

　　无论康德的或拉普拉斯的星云假说，由于 20 世纪天文学中许多新的现象和事实的发现，它们在理论上的缺点一天天地暴露出来，现代天文学以物理学的角动量守恒定律为基础，根据数学的计算结果，指出行星的角动量较之太阳的角动量要大得多。因此，如果我们坚持康德-拉普拉斯的星云假说所提出的从太阳中分裂出的物质环是产生行星的原因，那么就无法了解 98% 的角动量是属于行星，而只有 2% 的角动量属于太阳这一事实了。这个假说与一些地质学方面的事实也不符合。按照这个假说来说，地壳在 10 公里深处就变成灼热的岩浆，然而从地震与爆炸所引起的波动的试验中指出，这种波动所穿过的 1000 公里厚的地层还具有固体的性质。这些由康德-拉普拉斯的星云假说所不能解释的天文学、地质学的事实，就结束了它在现代天文学中如在 19 世纪中那样的统治地位了。

　　我认为要是有人在这里轻率地讲一些似是而非的话,来随便开开玩笑,即使他会解释说,这只是为了闹着玩,那也是对哲学的品格的侮辱。所以我在目前的探讨中,将只援用那些确实能够扩大我们知识范围的想法,而这些想法都是如此有根有据,使我们不能不承认它们是能够成立的。

　　虽然在这类题材中,自由的虚构好像实际没有限制,虽然人们在判断住在遥远星球上的居民的情况时,好像可以比一个画家在画未被发现的地方的植物和动物更加不受限制地纵情幻想,虽然这些思想好像既不能证实,又不能否定,但我们还是必须承认,各天体与太阳之间的距离将会对这些天体上能思维的生物的各种特性产生巨大的影响,譬如说,它们的主动和受动的行为将受到构成它们的物质状况的限制,并且将以吸引和发射热量的中心与它们住所之间的关系对它们所起的影响为转移。

　　我认为毫无必要说,所有的行星一定都有居民,虽然否认所有行星或大多数行星上都有居民也是不合理的。在大自然的丰富宝藏中,世界和世界系统对整个宇宙来说不过是沧海一粟。所以在这种丰富宝藏中,很可能也有荒凉而无人居住的地方,这些地方还不能完全符合大自然的目的,亦即还不能为理性生物所利用。人们似乎不得不承认,上帝的智慧是可怀疑的,因为沙漠和无人居住的不毛之地,占了陆地的一大片地方,而海洋中又有荒无人烟的岛屿。然而,一颗行星在整个宇宙中,要比地球上的一片沙漠或一个岛屿小得多。

　　也许还不是所有的天体都已经完全形成;一个大的天体要达到其物质的凝固状态需要几百或许几千年的时间。木星似乎还处于这种变动状态之中。在不同时期里,它的外形有过显著的变化,以致天文学家很久以前就这样推测过,它必定经历了许多天翻地覆的巨大变动,而它的表面还远远不像可以住人的行

◀ 蒲柏

星那样平静。要是它现在无人居住，而且任何时候也不会有人居住，那么这一点损失，同整个宇宙的无限巨大相比，又是何等的无限渺小！要是造化在空间每一个地方都要如此精细地显露它所有的财富，那么，与其说这是丰富充沛的标志，倒不如说是贫乏穷困的标志。

但是，我们还可以更满意地这样猜想，即使木星现在无人居住，可是仍然会有一天，当它的形成时期完结以后，就会有人居住。也许我们的地球在人类、动物和植物能维持生存以前，就已存在了千年或千年以上。一个行星要在几千年以后才能达到它完全形成的状态，这无损于它存在的目的。正因为如此，如果它一旦达到了这种状态，以后就将较长时期地停留在这种完善的状态之中。因为这本是一个确定的自然规律：一切东西，一旦开始，就不断走向消亡，离消亡越近，离开始就越远。

海牙的那个诙谐的人，根据科学界的一般报道，以滑稽的口吻提出了所有天体上必定有人的幻想。这种幻想不能不认为有一定道理。他说："那些生长在乞丐头上森林中的生物，长期以来一直把它们的住处当作一个奇大无比的球，而且把自己看作是造化的杰作。后来，其中有一个天生聪明的、它们一类里的小丰登涅尔①，意外地看见了一个贵族的头，它随即把它住处中所有的滑稽家伙叫在一起，狂喜地告诉它们：'我们不是整个自然界唯一的生物。你们看，这里是一个新的大陆，这里住着更多的虱子。'"如果说这个结论引起了一阵哄笑，那毕竟不是因为它同人的判断相差很远，而是因为人在这方面犯着同样根源的错误，所以虱子在这方面也似乎更可以原谅了。

让我们不带成见地来判断吧。这种昆虫，无论就其生活方式或者就其低贱地位来说，都很能说明大多数人类所处在的情况，很可以适当地用来作这样一种比较。因为按照这种昆虫的

---

① 丰登涅尔（Bernard le Bovier de Fontenelle,1657—1757），法国作家、启蒙运动的先驱者之一，属于笛卡儿学派。他的有名著作之一，就叫《关于宇宙多元性的谈话》。——译者

想象，自然界是无限看重它的生存的，所以凡是不以它的生存为中心目的而创造出来的所有东西都被认为是多余无用的。离开生物的最高阶段同样无限遥远的人类，他们竟要以同样的幻想来夸耀自己生存的必要性，那未免太胆大妄想了。无限的造化是包罗万象的，它所创造的无穷无尽的财富都同样是必要的。从能思维的生物中最高的一类到最受轻视的昆虫，没有哪一个对造化是无关重要的；而且哪一个也不可缺少，否则就会损害它们相互联系的整体的美。同时，一切事物都由普遍规律决定，而自然界通过它原来所固有的各种力的相互结合使这些规律发生作用。由于自然界在发展中总是引出极其合理极有秩序的东西，所以没有任何一个企图能够干扰或中断它的发展进程。在自然界最初形成的时候，一个行星的产生只是它丰富多产中的一个极其微小的成果；而现在竟要那很好建立起来的规律去服从这个小小东西的特殊目的，岂不是有点不合理？如果一个天体的状况给人设置了许多自然障碍，那就不会有人居住，虽然有人居住实际上要更好一些。但造化的完善性绝不会因此而有所损失，因为无限并不会因为减去一个有限部分而有所减少。人们似乎要抱怨说，木星和火星之间的空间好像没有必要如此空空如也，而且此外还有这种无人居住的彗星。实际上，尽管那种昆虫对我们说来是微不足道的，但自然界关心其整个种类的保存显然甚于关心少数优等创造物。即使在某个地区或某个地点可能没有这种优等生物，可是它们还是无限众多的。由于自然界能够无穷无尽地创造这两种东西，所以我们可以立刻放心地看到，它们的生存和死亡都是听任一般自然规律的摆布的。难道生在乞丐头发中的虱子在它那群同类中所引起的惊慌，会比菲力普之子①因恶鬼钻进了头脑，叫嚣世界只是为他而创造，在

---

① "菲力普之子"很可能是指西班牙国王菲力普二世（Philipp Ⅱ，1527—1598）的儿子唐·卡罗斯（Don Carlos，1545—1568）。唐·卡罗斯18岁时得了精神病，甚至扬言要杀掉他的父亲，因而被拘禁，不久即死去。——译者

他的同胞中所引起的惊慌还要更大吗？

然而大多数行星一定有人居住，即使有的现在还没有，将来也总会有人居住。各种不同的居民在宇宙中所住的地方，与发出热量并给万物以生气的中心体有着不同的关系。那么，这种不同的关系将会在不同的居民中引起什么样的一些情况呢？可以肯定，这种热量会对这些天体上的物质按其距离的不同，在其安排上产生不同的影响。一切理性生物中，我们现在认识得最清楚的是人，虽然人的内部情况如何至今尚待探讨，但人必须充当这种比较的基础和一般的参考。在这里，我们不是要考察人的道德品质和人体构造的生理组织，而是要研究人所依赖的、与太阳的距离成比例关系的物质情况，将使人的理性思维能力及其所支配的身体活动受到什么样的一些限制。在思维能力与物质运动之间，以及理性精神与人体之间，有着无限的距离，这姑且不谈。但有一点可以肯定，即人所有的一切概念和观念都是从印象得来，而印象是宇宙万物通过人体而在人的心灵中造成的，而且不仅是概念和观念的清晰性，还有把它们联系起来进行比较的技能，即思维能力，所有这些完全是有赖于造物主安排给人的物质情况的。

人是这样创造出来的，即通过他的身体外形，去接受世界在他内心中所引起的印象和情感。人体这种物质，不仅在它内在的无形的精神对外部事物形成最初概念时是不可缺少的，而且对于重复这些概念，把概念联系起来的内部活动，即思维活动，也是不可缺少的①。人的思维能力，按照他身体发育的程度，得到相应的完善；要是他器官的纤维获得了完全长成的强度和耐力，他的思维能力就达到了一个成熟的人所有的程度。对外界事物的依赖性，使人很早就发展了取得生活必需品的能力。有

---

①　出于心理学的原因，按照现在的看法，是造化使精神和肉体互相依存在一起的。精神不仅必须通过肉体的配合和影响才能获得宇宙万物的一切概念，而且思维能力本身的发挥也取决于肉体的状况，并借助于肉体才能取得必要的能力。——作者

些人就停留在这种发展阶段上。而把抽象的概念联系起来，以及通过理智的自由运用来控制情感，这样一种能力发展得较晚，在有些人身上则一辈子也不会有；在所有人身上这种能力也总是很薄弱的；它为低等官能服务，这些官能它本来应该加以控制的，而能控制它们则是它本性的优点。① 如果人们观察一下大多数人的生活，那么这种生物之所以被创造出来，似乎是为了像一株植物那样，吸收养料，苗壮成长，传宗接代，最后衰老死亡。然而与其他创造物相比，人类虽把主要精力花费在上述各个方面，但结果却很少能实现这些目的；而其他创造物则只要用少得多、但更可靠更合理的精力，就能达到这些目的。如果人在对未来的期望中得不到提高，蕴藏在他内部的力量得不到充分发挥，那么至少在真正的有智慧的人的眼里，他在一切生物当中是最可鄙视的东西了。

如果人们研究一下人类之所以处于这种卑贱状态的原因，就会发现，这是由于人的精神所寄托的物质之粗糙，以及受精神刺激支配的纤维之脆弱和体液之迟钝。人脑的神经和脑汁只提供粗糙而模糊的概念，而且由于感觉刺激不能从他的思维能力中引出强有力的观念来与之平衡，所以他将为他的情感所冲动，为他器官的失调所骚扰。而理性则努力于摆脱这种状况，并用判断力的光芒来消除这种混乱状态，正如天上的阳光驱散不断遮盖它的乌云一样。

人类生物的结构在物质上和细胞上的粗糙性是使其精神能力总是处于疲乏无力状态的原因。思考和用理性阐明观念的活动是一种不能不使心灵受到阻力的费力状态，由于身体这部机器的一种自然倾向，它随即转化为一种痛苦，这是因为感官的刺激决定并支配着所有这些活动的缘故。

---

① 在这里康德想到的可能是古希腊哲学家柏拉图的理论。柏拉图认为理智、意志和欲望是人的灵魂的三个部分或官能；在健全的灵魂中，理智处于统治的地位，对意志和欲望加以调节和控制。——译者

人的思维能力的迟钝，是粗糙而不灵活的物质所造成的一种结果。它不仅是罪恶的源泉，而且也是错误的根源。要拨开混乱概念的迷雾，要从感性印象中通过概念的比较来产生一般的认识，是有困难的。被这些困难难住，他宁愿急于为找到一种看法而感到满足，这种看法往往使他难以从旁看清他天性的迟钝和物质的阻力。

在这种依赖关系上，精神能力将随着身体活力的减弱而减弱。如果年老以后，在减弱的体液循环中只有浓厚的体液在流动，如果纤维的韧性以及一切运动的灵活性减弱，那么，精神能力也要同样衰退。思想的敏捷、观念的明确、机智的活跃以及记忆力等，也要变得僵硬无力。在长期经历中形成的概念可以在一定程度上补偿这些能力的衰退，而如果必须由理智掌握的强烈情感，不是同理智一起衰退而是衰退得更早，那就更清楚地暴露了理智的无能。

因此，从这里可以清楚看出，人的精神能力是受到与它密切相关的粗糙物质的阻碍作用和限制的。然而更值得注意的是，物质的这种特殊情况与太阳发出的热量大有关系，太阳把热量按照同它距离的远近传送出去，使物质活跃起来并适宜于动物机体的结构。从世界体系中心发出来的火焰使物质能保持其必要的活动。各个行星上的居民同这火焰的这种必然关系，是使不同行星上的居民得以进行比较的根据；而每一种居民，就根据这种关系而按照他们本性的需要被限制在宇宙中给他们指定的地方。

地球和金星上的居民要是互相交换居住的地方，就不能不造成双方的死亡。组成地球上居民的身体的物质，是与它和太阳的距离相应的受热程度相适应的。因而，在受热更大的天体中它就会显得太轻、太易挥发，也许要因为经受剧烈的运动而伤身。这种情况是由体液挥发和干涸以及弹性纤维极度绷紧所造成。金星上的居民，他们比较粗笨的体格和身体各部分的迟钝，需要太阳给他们更多的热量，因而，在较冷的天空地区他们也许要冻僵，以至于丧命。同样，木星上居民的身体要由更轻巧、更灵活的物质组成，以便太阳给它的微弱的激动，能使他身体像在离太阳较近的地方那样有力地活动起来。对于这一切，我用这样一个普遍的概念来加以总结：

> 一般说来，行星离太阳越远，行星上的居民甚至动物和植物的构成物质必定越是轻巧，纤维的弹性以及他们机体的适当配置必定就越是完善。

这种情况既自然又有根据，它不仅仅是由自然科学中通常认为是根据薄弱的那种合乎最终目的的那种理由所指出，而且也为行星组成物质的轻重比例所证明。这种比例既由牛顿的计算，又为天体起源学上的原因所决定。根据它，距离较远的天体上的物质总是要比距离较近的天体上的物质轻，所以对于在这些天体上繁殖并生存的生物，必定也应得出与之相同的结论。

我们已经对组成行星上理性生物的物质的性质作了比较。从本附录的前一部分中也容易看出，它们之间的这种比例关系，对理性生物的精神能力也将产生一定后果。如果因此而精神能力必然要依赖于它所寄托的机体物质，那么，我们就可以得到一个比猜想更为可能的结论：

> 能思维的自然物的优越，其想象的敏捷，他们从外界印象得出的概念的明确与生动，他们综合这些概念的能力，以及他们在实际行动中的机灵，总之，他们的一切完善性都是受某一个规律支配的。根据这一规律，他们住的地方离太阳越远，他们就越高级，越完善。

因为这种情况具有一定程度的可信性，与实际情况相距不远，所以在对不同星球上居民的特点进行比较时，人们有做适当推测的广阔余地。在各种生物的一个总的阶梯上，地球上的人类似乎处于最中间的一层，就其完善性来说，也是处于离其最外两边一样相当遥远的中间状态。如果人类想到木星或土星上高级的理性生物而产生嫉妒之心，看到自己的低劣而感到相形见绌，那么，当人类看到金星和水星上的低级生物其完善程度低于他们时，就会感到满意和欣慰了。这是一种多么值得惊奇的情景啊！我们一方面看到某种能思维的生物把格陵兰人或南非霍屯督族土人看作牛顿，另一方面又看到另一种能思维的生物把牛顿当作猢狲。

> 最近高天层上的人都在看，
> 地上人的行动很离奇，
> 有人发现了自然规律，
> 居然做出这样的事体。
> 他们在看我们的牛顿，
> 好比我们在欣赏猢狲。

蒲 柏

对于最高天体上那些幸福生物的智慧来说，哪一种认识高度不能达到？在他们智慧的光辉照耀下，又有哪一种高超的美德不能具备？理智的洞察力如果达到应有的完美和明确程度，就会比感性引诱更加坚强有力，能够胜利地控制这种引诱，而把它踩在脚下。上帝用自己的形象化生万物，也化生这些能思维的生物，而这些能思维的生物好比一片不受激情波动的海洋，平静地把上帝的形象接受下来又反映出去。上帝是多么了不起啊！我们不打算让这种推测超越一本自然科学论著所规定的范围；我们只想再一次阐述一下上面的类比：

> 从水星到土星或者更上面的行星（如果那里还有别的行星的话），行星上精神世界和物质世界的完善性都将随着它们与太阳距离的增加而相应地增长和发展。

当我们一方面认为,这种情况一部分是由它们住所与世界中心的自然关系所自然而然造成,一部分是为了适应环境,那么,另一方面,在上层天体上所看到的为这些完善生物所安排的卓越布局的实际景象,也清楚地证明了上述的规律,以致人们几乎对之深信不疑。与高级理性生物相联系的行动敏捷这个优点,使他们能够比行动缓慢的不完善的理性生物更能适应上层天体较短的昼夜变化周期。

望远镜的观察告诉我们,木星上的一昼夜只有 10 小时,在这种昼夜划分的情况下,如果地球上的居民跑到这些行星上去该怎么办呢? 10 个小时几乎还不够粗笨的人体为了恢复精神所需要的睡眠。醒了以后的工作准备、穿衣、吃饭,以及其他活动所需要的时间又该如何安排呢? 一个行动缓慢的人如何能不为之精神涣散呢? 如果 5 小时的工作突然被五小时的黑夜打断,又如何能做出一些像样的事情来呢? 反之,如果木星上住有较完善的理性生物,他们的结构较为精细,弹性较强,行动比较敏捷,那么,可以认为对于他们来说,这 5 小时相当于甚至超过了低级人类白昼的 12 小时。我们知道,对时间的需要是相对的,这种相对性表现在所需时间的长短与行动的速度相比较的关系上。这是人们可以认识的,也是可以理解的。因此,同样的一个时间段,对一种生物似乎只是一刹那,而对另一种来说,可能就很长,在这一时间段内,由于行动迅速可以发生一连串的变化。根据上面对土星自转的大致计算,它的一昼夜时间更短,因此可以猜想,它的居民可能具有更杰出的能力。

所有这一切都证实了上述的规律。大自然好像把它最丰富的宝藏分布在宇宙遥远的地方。这里分布着大量的卫星,它们为这些幸福地方的勤劳生物提供了充分的代替物,以补偿看不见的阳光。大自然似乎很仔细,它为卫星的发挥作用提供了各种便利,使它们几乎无时无刻不在起着作用。就卫星的多少而论,木星比所有下层的行星似乎优先,而土星又比木星为优,由于围绕土星有一个美丽而有用的环,可能使它还有获得更多卫星的优点。与此相反，对于下层的行星，这种宝藏也许不加利用就被浪费，因为它们上面的生物更接近于无理性的一类，所以根本没有具有卫星这样一种优点，即使有卫星为数也很少。

但是，人们不能把与光明和生命的源泉的太阳距离遥远，看作是一件坏事（我预计到有可能会出现足以推翻所有上述意见的这种异议），而相反，应把遥远的行星安排得这样地远，看作只是多少为了挽救这种坏事的一种措施。但人们会提出异议说，事实上，高天层的行星在世界结构中处于不利地位，不利于这些行星上面一切安排的完善发展，因为它们受到太阳的影响过于微弱。可是我们知道，光和热的作用不是取决于光和热的强度，而是取决于物质接受光和热的能力，和对光和热的推动作用的阻力。因此，同样一个距离可能对一种粗糙的物质来说是气候适宜，但是对比较细巧的流质而言就是不适宜的，就会使它挥发，而且这种挥发可能剧烈到发生危害的程度。所以，只有一种比较精细而由易动的微粒组成的物质才能在离太阳较远的木星或土星上面处于有利地位。

最后，这些高天层行星上的生物的优越性似乎是通过自然关系而与它们应有的持久性相联系着的。对于这些优越的生物来说，衰败和死亡所造成的损害不会像对我们低等的自然物所造成的那么多。物质的迟钝与物料的粗糙，才是低级生物之所以卑贱的特殊本源，也是他们趋向衰亡的原因。体液渗入纤维之中，在那里积淀起来，使动物和人得到营养和长大。如果在它们长成以后，体液的作用不再同时使体内的管脉扩大，那么，这种积淀起来的液汁，正是通过与给动物以营养一样的机械作用，要使管脉变狭和阻塞，并使整个身体结构逐渐硬化而趋于死亡。可以相信，虽然最完善的生物也要受到死亡的威胁，但是其物质的细巧、管脉的弹性、体液的轻快有力等优点使它们能把这种死亡——这是粗糙物质的迟钝所带来的结果——推迟很久，并为这种生物提供一个能与其完善性相比拟的寿命，正像人生的短暂和人的低劣成正比一样。

我在结束这方面的考察以前不能不先来提到一种怀疑。如把上述这些意见同我们以前的那些说法相比较,那么,这种怀疑自然而然会产生出来。我们在宇宙的安排中,从照耀最远轨道上的行星的卫星数量上,从绕轴自转的速度上,以及从那种与太阳的作用成比例的星球的组成物质上,看出了上帝的智慧把一切东西都为住在星球上的理性生物安排得十全十美。但是,现在怎样把这种有目的的神学体系与一种力学理论协调起来,以使最高智慧设计的东西能由原始物质去实现,而神意的统治能由自行运转的大自然去实施呢?难道前者不是承认了宇宙的安排不通过后者的一般规律而发展起来的吗?

只要我们回想一下前面为同样目的所谈到的那些东西,这些怀疑就会立即冰释了。难道一切自然运动的力学不是必须具有一种主要倾向,才能获得与至高理性的设计在整个联系中相符一致的这样一些结果吗?这些结果就是从一切力学特性中发展出来的。由于这些力学特性甚至早在神智的永恒观念中就已被规定,而且万事万物都必须在这种神智的支配下互相联系互相配合起来,那么,力学运动又怎能一开始就有迷失正路的趋向和自由不羁的散漫性呢?力学运动论者把自然界看作一种讨厌的东西,这种东西只能用强行限制其行动来保持它沿着秩序井然和相互和谐的轨道上前进,而不是把大自然看作是一种独立的本源,这种本源的性质无原因可言,只是上帝尽其可能把它纳入自己拟订的计划之中。如果我们好好想一想,对于这样的判断,我们能够作怎么样的辩解呢?人们越是仔细地认识大自然,就越能看出事物的一般情况不是彼此分开互不相关的,就越能认识事物具有密切的关系,在建立完善的世界体系中它们通过这种关系而互相支持(为了达到物质世界的美,同时也为了达到精神世界的高超而进行的物质的相互作用);而且一般说来,在永恒真理的领域内可以说,事物的各个性质已经构成了一种一个与另一个相联系的体系。如此一来,人们随即就会明白,这种关系有其共同的根源,而全部事物的主要安排都是由此产生的。

因此,我们把反复进行的这种考虑应用于预定的目的。普遍的运动规律把最高天层的行星安排在离世界系统的惯性和吸引中心极其遥远的地方。这样,也正是这些运动规律同时使它们处于最有利的状态,也就是使它们得以在离粗糙物质的参考点最远的地方以较大的自由形成起来。但这些运动规律同时也把这些行星置于一种与热的影响有一定规律的联系之中,而这种热是按照同样的规律从这个中心传布出去的。因为正是这些安排使得遥远地方的天体的形成更加不受阻碍,使得与之有关的运动产生得更快,或者简单地说,把世界体系造得更加合理,又因为归根到底精神生物最后必然要依赖于它们所组成的物质,所以认为大自然的完善性在这两方面都是由联系在一起的原因和同一的根源所促成,就不足为奇了。因此在仔细考虑之下,可以看到这种协调并不是什么突然的或料想不到的事情。同时因为精神生物以同样的原则被组织在物质自然界的一般结构之中,所以遥远的区域中的精神世界将更加完善,虽然它还是一个物体世界。

由此看来,在自然界的整个范围内,一切事物都为永恒的和谐依次联系成一个连续不断的序列,这永恒的和谐使所有的环节彼此发生了关系。上帝的完善性已在我们这个阶段上清楚地显示出来,而且它在最低贱的一级中所显示出来的庄严宏大并不比在高贵的等级中所显示的有所逊色。

> 天上人间万物纷纭,
> 是根链条从上帝发轫,
> 从安琪儿、人类到牲畜,
> 从六翼天使到苍蝇。
> 啊! 宇宙遥远而无垠,
> 肉眼永不能探求其究竟!

蒲 柏

我们至今的推测是忠实地沿着自然情况这条线索进行的，这条线索保证我们的推测走在一条合理而可置信的道路上。是不是我们还想离开这条轨道到幻想的领域去驰骋一下呢？谁能给我们指出，哪里是有根据的可能性结束和随意的虚构开始的界限呢？谁又敢于回答，是否邪恶也支配着宇宙的其他星球，或者还是只有美德在那里占统治地位？

> 星球也许是光辉神灵的住所，
> 统治着这里的是邪恶，
> 支配着那里的是美德。

冯·哈勒

难道说，在智慧与无理智之间，就没有一种有犯错误的可能的中间状态吗？谁知道，那些遥远天体上的居民是否既不太优秀，也不是太聪明，以至于会堕落到犯罪的愚蠢地步；而下层行星上的居民，则是否由于太死死地束缚在物质上面，太缺乏精神能力，以至于不能在正义的裁判面前对自己的行为负责呢？在这种情形下，也许只有地球，或者可能再加上火星（这样，我们就可以因为有了一个不幸的伙伴而聊以自慰），是处在危险的中间道路上。在这里，同精神统治相对立的那种感性刺激的引诱，具有强大的诱惑力。但也不能否认，当人不愿习于惯性而再沉溺于这种引诱之中的时候，他有抵抗这种种诱惑的能力。所以，当他处在意志薄弱和这种能力之间的危险的中间状况时，就是这些使他高于低级生物的优点把他提到了一种高度，从这里他又可以无比深地堕落到低级生物之下。实际上，地球和火星是太阳系中最中间的两颗行星，关于它们上面的居民，就其物质的和精神的状态来说，可以猜想，他们也许是处于两极之间的中间状态；但是我宁愿把这方面的探讨让给别人去做，他们在一个无法证明的认识上能够更加感到心安理得，而且也更乐意于承担这方面的责任。

哈勃望远镜,望向太空更深处

结　束　语

　　康德-拉普拉斯的宇宙起源论不能解释天文学和天文物理学在后来发展中所说明的关于太阳起源的许多特征,主要的原因当然是受了18世纪科学水平的限制。在那个时候,既没有能量守恒定律和能量转化定律,也没有热力学和统计物理学,关于量子物理学的许多事实以及关于这方面的许多知识,根本就没有概念。在我们今天看来,如果缺少这些科学的理论前提,要想对于宇宙的起源和发展的过程有所了解,是不可想象的,因此我们从当前数学的、物理学的个别论点上来"推翻"康德-拉普拉斯的宇宙起源学说,来否定他的科学价值,是不困难的。但是这是一种对待为人类创造思想文化财富的科学家和哲学家的正确态度么?

现在的人究竟怎样,关于这点,虽然意识和感觉应该对我们有所启发,但我们还是很不清楚;至于人将来会变成怎样,我们就更难以推测了! 虽然如此,人类精神的求知欲却急于想探索这个离它十分遥远的问题,并力图从模糊的认识中找出一线光明。

是否不朽的人类精神在将来的无限时间的延续中——即使死亡也不能打断这种延续,只是使之有所变化而已——将始终停留在宇宙的这一点上,即我们的地球上呢? 是否人类精神永远不可能去仔细欣赏一下宇宙的其他奇迹呢? 谁知道,会不会有那么一天,人类精神能就近认识一下宇宙中那些遥远的星体及其卓越的结构,而那些东西不是早已从远处引起了人类去欣赏它们的好奇心吗? 也许为了这个目的,行星系还在形成一些星球,好让我们在地球上一定的可居住时期终止以后,能到那里去找新的住所。谁知道,环绕木星运行的那些卫星不会有一天为我们而发光呢?

用这样的想象来自娱,是许可的,也是合适的,但是没有人会把未来的希望寄托在如此不可靠的想象的情景上的。在人类本性中去掉那部分虚幻性以后,不朽的精神将迅猛地超越一切有限的东西而扶摇直上,并在一种对整个自然界的新关系中——这是与至高无上者更密切地相结合而产生出来的——继续存在下去。今后这种提高了的、本身包含着幸福之源的本性,不用再向外界去寻求安慰。万物的总体必然符合至高原始存在的喜悦,这个总体也必然会把万物当作自己的亲属,而且永远使其满意。

实际上,如果人们的情感从这样的一些考察和上述的一切中得到了满足,那么,在晴朗之夜,仰望星空,就会获得一种愉快,这种愉快只有高尚的心灵才能体会出来。在万籁无声和感

◀ 浩瀚的银河

官安静的时候,不朽精神的潜在认识能力就会以一种神秘的语言,向我们暗示一些尚未展开的概念,这些概念只能意会,而不能言传。如果说,在这颗行星的能思维的创造物中也有卑劣的东西,他们不顾一个这么伟大的世界形象的魅力对他们的鼓舞,仍然死抱着虚幻的想象不放,以为有用,那么,这颗星球竟然培育出这样的可怜虫来,该是多么不幸啊! 然而另一方面,因为在一切最值得设想的条件下,为它打通了一条到达幸福和崇高境界的道路,这种境界远远超过自然界在一切天体中所安排的最美好的境界,它又是多么幸福啊!

全 书 终

科学元典丛书

扫描二维码，收看科学元典丛书微课。